逐条解説

農山漁村活性化法解説

農山漁村の活性化のための定住等及び地域間交流の促進に関する法律の解説

編著／農山漁村活性化法研究会

大成出版社

はしがき

農山漁村の活性化を図っていくためには、少子・高齢化の急速な進展により、我が国全体が人口減少時代に入る中で、地域内のみに眼を向けた施策では、農山漁村の人口減少に歯止めをかけることは困難であり、地域内にとどまらず、地域外にも眼を向け、農山漁村における定住とともに、都市の住民が農山漁村に別宅等を有すること並びに農山漁村と都市との地域間交流を促進することにより、農山漁村で暮らし、その地域を訪れる者を増加させる取組を総合的に実施し、農山漁村の活性化を図ることが重要となっています。

他方、ゆとり、安らぎ、心の豊かさなどの価値観が重視されるようになってきている中で、多面的機能が発揮され、豊かな自然環境や美しい景観、伝統文化に触れ合うことのできる個性的、特徴的な農山漁村空間に対する都市住民等の理解と期待が高まってきています。特に、これから団塊世代の大量退職を控え、農山漁村における定住等や農山漁村と都市との地域間交流に主眼を置いた農山漁村の活性化施策を講じていく必要性も高まっています。

また、農山漁村の活性化を図ろうとする場合には、それぞれの地域において、地域の抱える課題や地域の有する資源、地域の目指すべき方向・ビジョンに応じて、最も効果的な方法で戦略的に具体的取組が展開されることが必要です。このため、国としても、全国一律的な施策ではなく、地方公共団体のみならず、民間の方々を含め、地域の側からの知恵と工夫に基づき、その実現を後押しするような支援を実施することが重要です。更にその際には、地方の裁量度を高め、自主性を大幅に拡大する必要があります。

第一六六通常国会で成立した「農山漁村の活性化のための定住等及び地域間交流の促進に関する法律」は、以上の観点から、地方公共団体が、その自主性と創意工夫を活かしつつ、定住及び二地域居住並びに地域間交流による農山漁村の活性化を図るための計画を作成する仕組みを創設するとともに、当該計画に基づき実施する事業について、幅広い使途に使えるような国からの交付金の交付制度を設ける等の支援措置を整備したものです。

本書は、農山漁村活性化法の条文の趣旨とそれに基づき講じられる施策を解説するとともに、関係資料を添付した解説書です。本書が、都道府県、市町村、農林漁業団体・機関、NPO等の実務担当者や研究者、地域住民の方々等の皆様に幅広く御利用いただき、農山漁村の活性化について、それぞれのお立場から積極的に取り組んでいただくに当たっての一助となることを願ってやみません。

平成二十年五月

農山漁村活性化法研究会

逐条解説　農山漁村活性化法解説　目次

逐条解説編

第十三条（農地法等による処分についての配慮）……八三
第十四条（国有林野の活用等）……八四
第十五条（事務の区分）……八六
附則……八七

関係法令編

○農山漁村の活性化のための定住等及び地域間交流の促進に関する法律……平成一九、五、一六　法律第四八号……九五
○農山漁村の活性化のための定住等及び地域間交流の促進に関する法律施行規則……平成一九、七、三〇　農林水産省令第六五号……一〇二
○農山漁村の活性化のための定住等及び地域間交流の促進に関する法律第十一条の規定に基づく市民農園整備促進法の特例に関する省令……平成一九、七、三〇　農林水産省令 国土交通省令第一号……一〇六
○定住等及び地域間交流の促進による農山漁村の活性化に関する基本的な方針の公表について……平成一九、八、二　公表……一〇七
○農山漁村の活性化のための定住等及び地域間交流の促進に関する法律に基づく活性化計画制度の運用に関するガイドラインについて……平成一九、八、二　一九農振第八二三号……一一四
○農山漁村の活性化のための定住等及び地域間交流の促進に関する法律関係事務に係る処理基準の制定について……平成一九、八、二　一九農振第八二二号……一五八
○農山漁村の活性化のための定住等及び地域間交流の促進に

関する法律第十一条の規定に基づく市民農園整備促進法の
特例に関する省令の制定について……平成一九、八、一　一九農振第八一八号 国都公緑第九九号……一六〇
○農山漁村活性化プロジェクト支援交付金交付要綱の制定について……平成一九、三、三〇　一八企第三八一号……一六二
○農山漁村活性化プロジェクト支援交付金実施要綱の制定について……平成一九、八、一　一九企第一〇〇号……一六八
○農山漁村活性化プロジェクト支援交付金実施要領の制定について……平成一九、八、一　一九企第一〇一号……一七九

逐条解説編

一　農山漁村活性化法制定の背景と経緯

我が国の持続的発展を図る上では、国の活力の源泉である地域の活力の向上が不可欠であるが、国土の大宗を占める農山漁村においては、基幹産業である農林漁業の不振、高齢化の急激な進行に加え、道路等の生活インフラの格差の存在、子供の減少に伴う教育機関の統廃合による生活環境の格差の拡大等により、地域の活力の低下は深刻なものとなっている。

こうした農山漁村の活性化を図るため、これまでも国の財政支援（補助制度）をはじめ各種施策が講じられてきたところであるが、その内容としては、農山漁村の人口減少に歯止めをかける観点から、地域内において、基幹産業である農林漁業の振興や集落排水の整備等現に農山漁村に居住している者のための事業を中心に行われてきた。

少子・高齢化の急速な進展により、我が国全体が人口減少時代に入る中で、従来の施策により農山漁村の人口減少に歯止めをかけることは困難であり、今後、農山漁村の活性化を図っていくためには、地域内にとどまらず、地域外にも眼を向け、農山漁村における定住及び都市の住民が農山漁村に別宅等の居所を有すること（以下「定住等」という。）並びに農山漁村と都市との地域間交流を促進することにより、農山漁村で暮らし、その地域を訪れる者（居住者及び滞在者）を増加させる取組を総合的に実施し、農山漁村の活性化を図ることが重要となっている。

他方、ゆとり、安らぎ、心の豊かさなどの価値観が重視されるようになってきている中で、多面的機能が発揮され、豊かな自然環境や美しい景観、伝統文化に触れ合うことのできる個性的、特徴的な農山漁村空間に対する都市住民等の理解と期待が高まってきている。特に、これから団塊世代の大量退職を控え、農山漁村における定住等や農山漁村と都市との地域間交流に主眼を置いた農山漁村の活性化施策を講じていく必要性も高まっている。

人口の動向

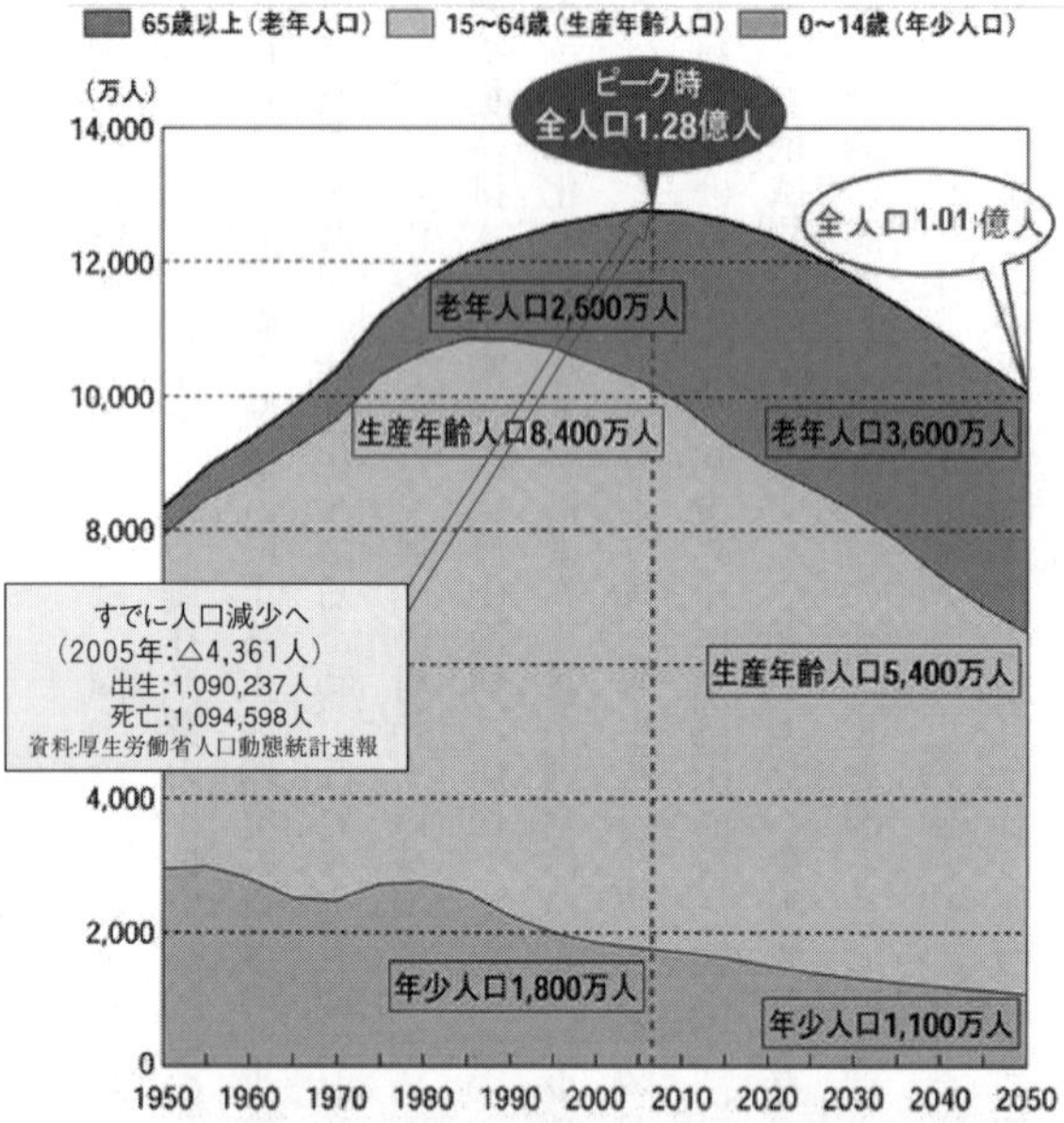

資料:総務省「国勢調査」、国立社会保障・人口問題研究所、「日本の将来推計人口」（2002年1月）、
国土交通白書より作成（国土交通省:二層の広域圏の形成に資する
総合的な交通体系に関する検討委員会報告書）

高齢者（65歳以上）割合の推移

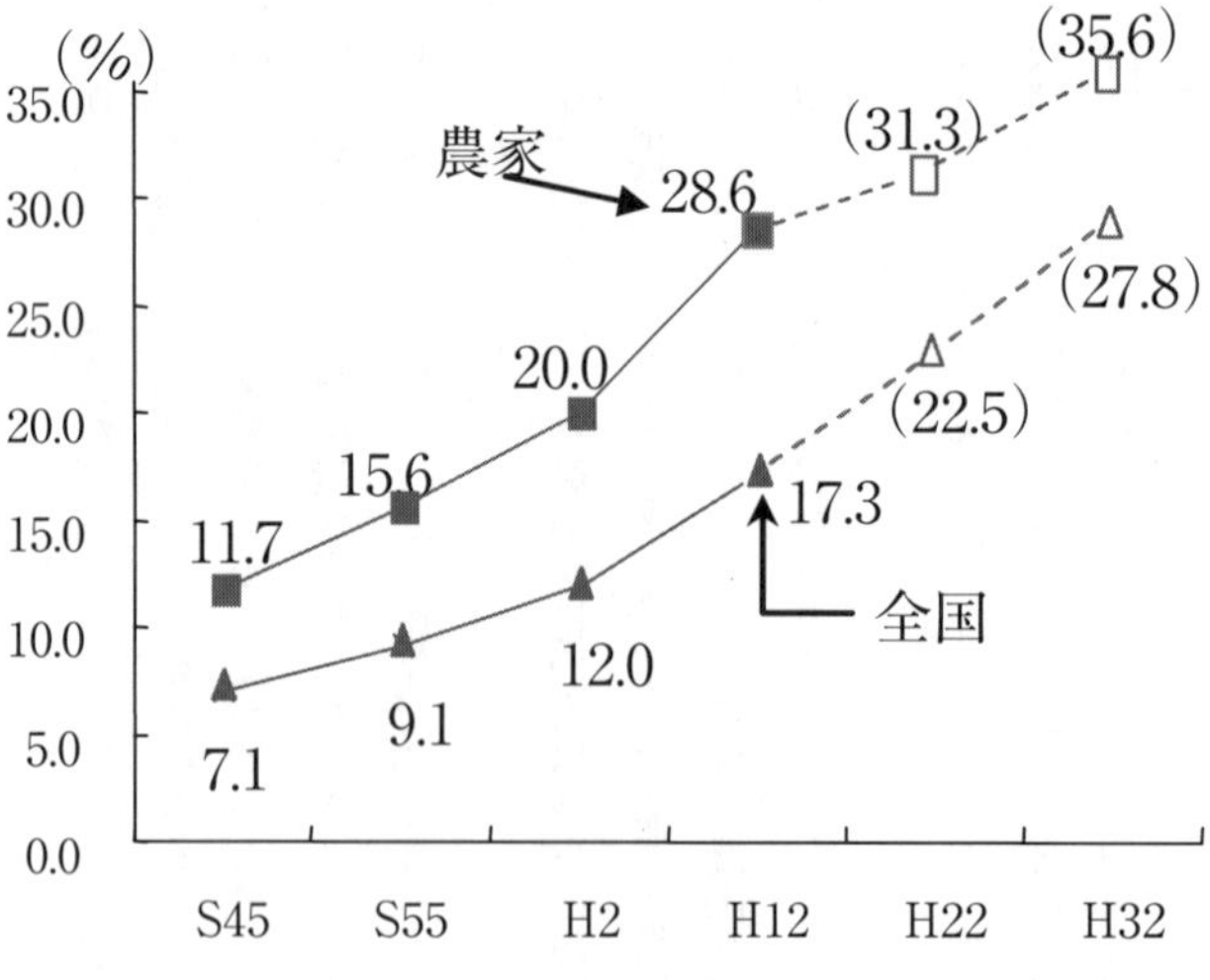

資料:農業センサス

団塊の世代の人口分布

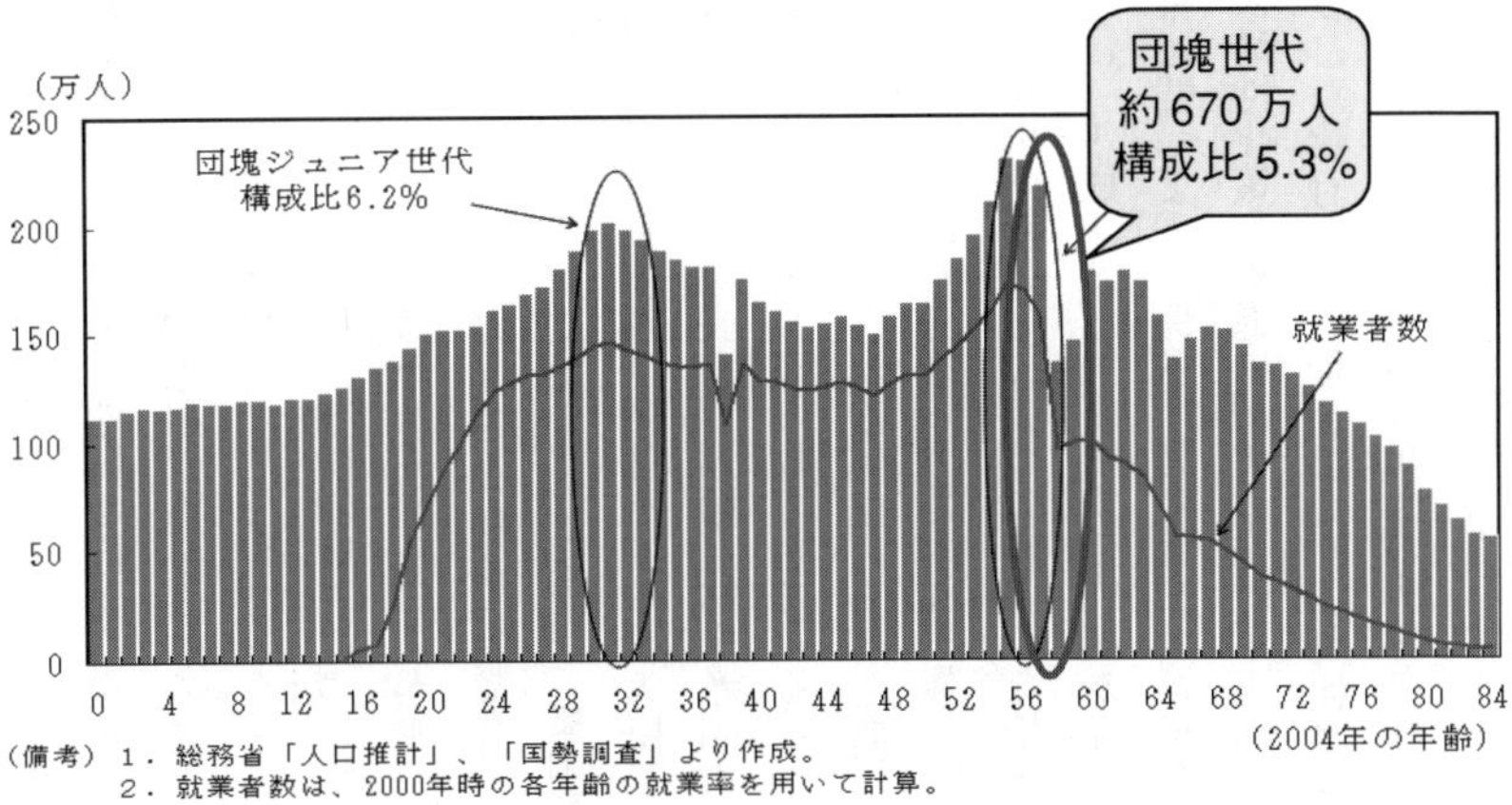

(備考) 1. 総務省「人口推計」、「国勢調査」より作成。
2. 就業者数は、2000年時の各年齢の就業率を用いて計算。

注：団塊の世代（1947～49 年生）
資料：国土審議会計画部会（「平成 17 年版経済財政白書」）より

都市と農山漁村の共生・対流に関する意識（年代別）

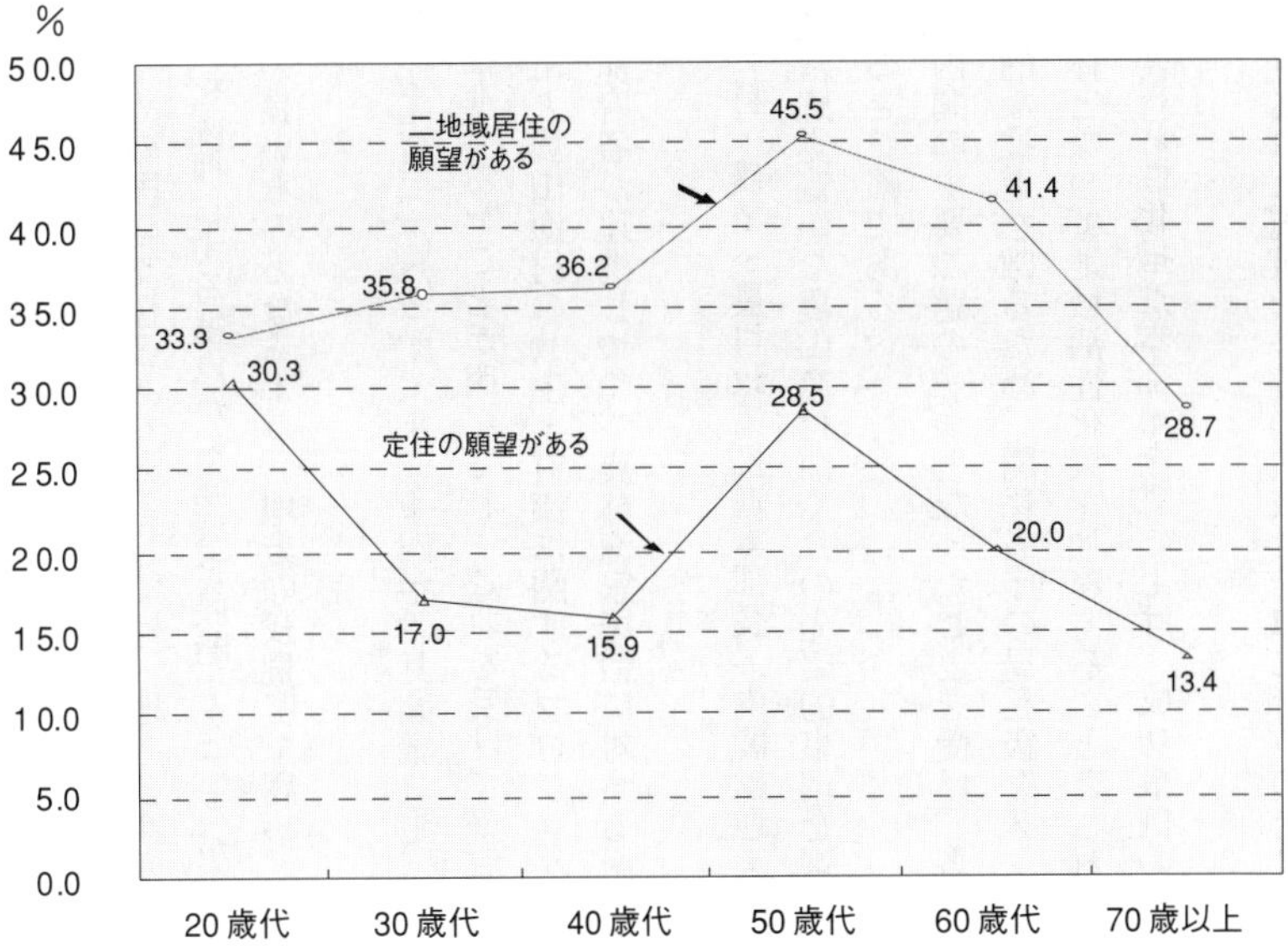

（注）　二地域居住、定住の願望は「都市地域」に居住しているとする者 975 人に聞いたもの。

資料：「都市と農山漁村の共生・対流に関する世論調査」より
（平成 18 年 2 月公表、内閣府政府広報室）

また、農山漁村の活性化を図ろうとする場合には、あらかじめ用意された施策を多くの地域で一律に行うのではなく、それぞれの地域において、地域の抱える課題や地域の有する資源、地域の目指すべき方向・ビジョンに応じて、最も効果的な方法で戦略的に具体的取組が展開されることが必要である。そのための国の支援のあり方としては、地方公共団体のみならず、民間を含め、地域の側からの知恵と工夫を引き出し、その実現を後押しする視点から施策を展開することが重要である。その際、国の財政支援（補助制度）については、地方の使い勝手の良いものとなるよう、地方の裁量度を高め、自主性を大幅に拡大するための改革を進めることが求められている。

このような状況を踏まえ、「経済財政運営と構造改革に関する基本方針二〇〇二」（平成十四年六月閣議決定、いわゆる骨太の方針二〇〇二）において、「都市と農山漁村の共生・対流を推進する」ことが明記され、これを受けて平成十四年九月には内閣官房副長官及び関係府省の副大臣等を構成員とする「都市と農山漁村の共生・対流に関するプロジェクトチーム」（主査：安倍官房副長官、遠藤農林水産副大臣）が設置され、関係府省が連携しつつ、農林漁家民宿に対する施設基準の緩和や関連予算の拡充が図られてきている。

また、官邸で開催される「立ち上がる農山漁村有識者会議」（食料・農業・農村政策推進本部長（内閣総理大臣）決定により開催）において実際に、農林水産業を核とした、自律的で経営感覚豊かな農山漁村づくりの先駆的事例を選定し、全国に発信・奨励することによりこのような地域の取組を後押ししているところである。

さらに、平成十八年九月に安倍内閣が発足し、地域の活性化が内閣の主要課題の一つとなったことを受け、各種の地域活性化策に関して、関係省庁間の緊密な連携を確保し、施策の総合的な推進を図るため、関係省庁の局長級をメンバーとする「地域活性化策の推進に関する検討チーム」が設置され、政府一体となって地域活性化策を加速することとされた。

こうした政府全体の動きを受け、農林水産省において、「農山漁村活性化推進本部」を立ち上げ、成功事例の分析等を通じて、展開すべき施策の方向性の検討を行い、この結果、

①　農山漁村の活性化を図ろうとする場合には、あらかじめ用意された施策を多くの地域で一律に行うのではなく、それ

ぞれの地域において、地域の抱える課題や地域の有する資源、地域の目指すべき方向・ビジョンに応じて、最も効果的な方法で戦略的に具体的取組が展開されることが必要であること

② そのための国の支援のあり方としては、地方公共団体のみならず、民間を含め、地域の側からの知恵と工夫を引き出し、その実現を後押しする視点から施策を展開することが重要であること

③ その際、国の財政支援（補助制度）については、地方の使い勝手の良いものとなるよう、地方の裁量度を高め、自主性を大幅に拡大するための改革を進めるべきこと

を主軸として今後の農山漁村活性化策を進めることとしたところである。

以上のことから、地方公共団体が、その自主性と創意工夫を活かしつつ、定住等及び地域間交流による農山漁村の活性化を図るための計画を作成する仕組みを創設するとともに、当該計画に基づき実施する事業について、幅広い使途に使えるような国からの交付金の交付制度を設ける等の措置を講ずるため、「農山漁村の活性化のための定住等及び地域間交流の促進に関する法律」（以下「本法」又は「法」という。）が制定された。

二　国会審議の経緯

農山漁村活性化法案は、平成十九年（二〇〇七年）二月九日に閣議決定され、同日、第百六十六回通常国会に提出された。同通常国会における審議経緯は、次のとおりである。

三月二七日　衆議院本会議（河野洋平議長）において、松岡利勝農林水産大臣が趣旨説明
同　日　質疑（質疑者　金子恭之、黄川田徹）
三月二八日　衆議院農林水産委員会（西川公也委員長）において、松岡利勝農林水産大臣が趣旨説明
同　日　衆議院農林水産委員会において質疑（質疑者　岡本芳郎、渡部篤、西博義、高山智司、岡本充功、佐々木隆博、福田昭夫、菅野哲雄）
三月二九日　衆議院農林水産委員会において質疑（質疑者　福田昭夫）、採決
四月　三日　衆議院本会議において可決（全会一致）
四月二六日　参議院農林水産委員会（加治屋義人委員長）において、松岡農林水産大臣が趣旨説明
五月　八日　参議院農林水産委員会において質疑（質疑者　岩城光英、段本幸男、平野達男、和田ひろ子、谷博之、渡辺孝男、紙智子）、採決
五月　九日　参議院本会議（扇千景議長）において可決、成立（全会一致）

以上のような経緯を経て成立した農山漁村活性化法案は五月十六日、平成十九年法律第四十八号として公布された。

三　法律の概要

一　目的

この法律は、人口の減少、高齢化の進展等により農山漁村の活力が低下していることにかんがみ、農山漁村における定住等及び農山漁村と都市との地域間交流を促進するための措置を講ずることにより、農山漁村の活性化を図ることを目的とする（第一条）。

二　定義

この法律において「定住等」とは、農山漁村における定住及び都市の住民がその住所のほか農山漁村に居所を有することをいい、「地域間交流」とは、都市の住民の農林漁業の体験その他の農山漁村と都市との地域間交流をいう（第二条第一項及び第二項）。

三　地域の要件

この法律による措置の対象地域は、次の要件に該当する地域とする（第三条）。

①　当該地域の土地利用の状況、農林漁業従事者数等からみて、農林漁業が重要な事業である地域であること。

②　定住等及び地域間交流を促進することが、当該地域を含む農山漁村の活性化にとって有効かつ適切であると認められること。

③　既に市街地を形成している区域以外の地域であること。

四　基本方針の策定

(一)　農林水産大臣は、定住等及び地域間交流の促進による農山漁村の活性化に関する基本的な方針（以下「基本方針」という。）を定めることとする（第四条第一項）。

㈡　基本方針においては、次に掲げる事項を定めるものとする。
①　定住等及び地域間交流の促進の意義及び目標に関する事項
②　定住等及び地域間交流の促進のための措置を講ずべき地域の設定に関する基本的事項
③　定住等及び地域間交流の促進のための施策に関する基本的事項
④　活性化計画の作成に関する基本的事項
⑤　その他定住等及び地域間交流の促進に関する重要事項

五　活性化計画の作成等

㈠　都道府県又は市町村は、単独で又は共同して、基本方針に基づき、定住等及び地域間交流の促進による農山漁村の活性化に関する計画（以下「活性化計画」という。）を作成することができることとする（第五条第一項）。
㈡　活性化計画には、次に掲げる事項を記載するものとする（第五条第二項）。
①　活性化計画の区域
②　活性化計画の目標
③　②の目標を達成するために必要な次に掲げる事業に関する事項
イ　定住等の促進に資する農林漁業の振興を図るための生産基盤及び施設の整備に関する事業
ロ　定住等を促進するための集落における排水処理施設その他の生活環境施設の整備に関する事業
ハ　農林漁業体験施設その他の地域間交流の拠点となる施設の整備に関する事業
ニ　その他農林水産省令で定める事業
④　③に掲げる事業と一体となってその効果を増大させるために必要な事業又は事務に関する事項
⑤　③及び④に掲げる事項に係る他の地方公共団体との連携に関する事項
⑥　計画期間

⑦　その他農林水産省令で定める事項

㈢　㈡③又は④の事業を実施しようとする農林漁業者の組織する団体、特定非営利活動法人その他の者（都道府県が作成する計画にあっては、共同作成市町村以外の市町村を含む。以下「農林漁業団体等」という。）の活動を活用することが農山漁村の活性化に資すると考えられることから、活性化計画の案には農林漁業団体等が実施する事業について記載することができることとする（第五条第三項及び第四項）。

㈣　また、農林漁業団体等は、当該事業を行おうとする地域をその区域に含む都道府県又は市町村に対し、当該事業を内容に含む活性化計画の案の作成についての提案をすることができることとする（第五条第五項及び第六項）。

㈤　市町村は、活性化施設（㈡③で整備される施設）の円滑な整備の促進を図るための農林地所有権移転等促進事業について、必要な事項を記載することができるものとする（第五条第七項及び第八項）。

六　交付金

㈠　国は、都道府県又は市町村に対し、活性化計画に基づく事業の実施に要する経費に充てるため、予算の範囲内で、交付金を交付することができることとする（第六条第二項）。

㈡　事業の内容によっては、この法案に基づく交付金以外に土地改良法その他の法令に基づく補助の対象となり得ることから、二重補助を排除するため、当該交付金を充てて行う事業に要する費用については、土地改良法（昭和二十四年法律第一九五号）その他の法令の規定に基づく国の負担又は補助は、当該規定にかかわらず、行わないこととする（第六条第三項）。

七　所有権移転等促進計画の作成

㈠　市町村は、農林地所有権移転等促進事業を行う場合は、所有権移転等促進計画を定めるものとする（第七条）。

㈡　市町村は、所有権移転等促進計画を定めたときは、遅滞なく、その旨を公告し、その公告があったときは所有権移転等促進計画の定めるところにより所有権の移転等の効果が生ずることとする（第八条及び第九条）。

㈢　所有権移転等促進計画に係る土地の登記については、政令で、不動産登記法の特例を定めることができることとする（第一〇条）。

八　市民農園整備促進法の特例

五㈢により活性化計画にその実施する市民農園の整備に関する事業が記載された農林漁業団体等は、市民農園整備促進法（平成二年法律第四四号）第七条第一項の認定申請に関し、簡略化された手続によることができることとする（第一一条）。

農山漁村の活性化のための定住等及び地域間交流の促進に関する法律の概要

【法律の目的】

人口の減少、高齢化の進展等により農山漁村の活力が低下していることにかんがみ、農山漁村における定住等及び農山漁村と都市との地域間交流を促進するための措置を講ずることにより、農山漁村の活性化を図る。

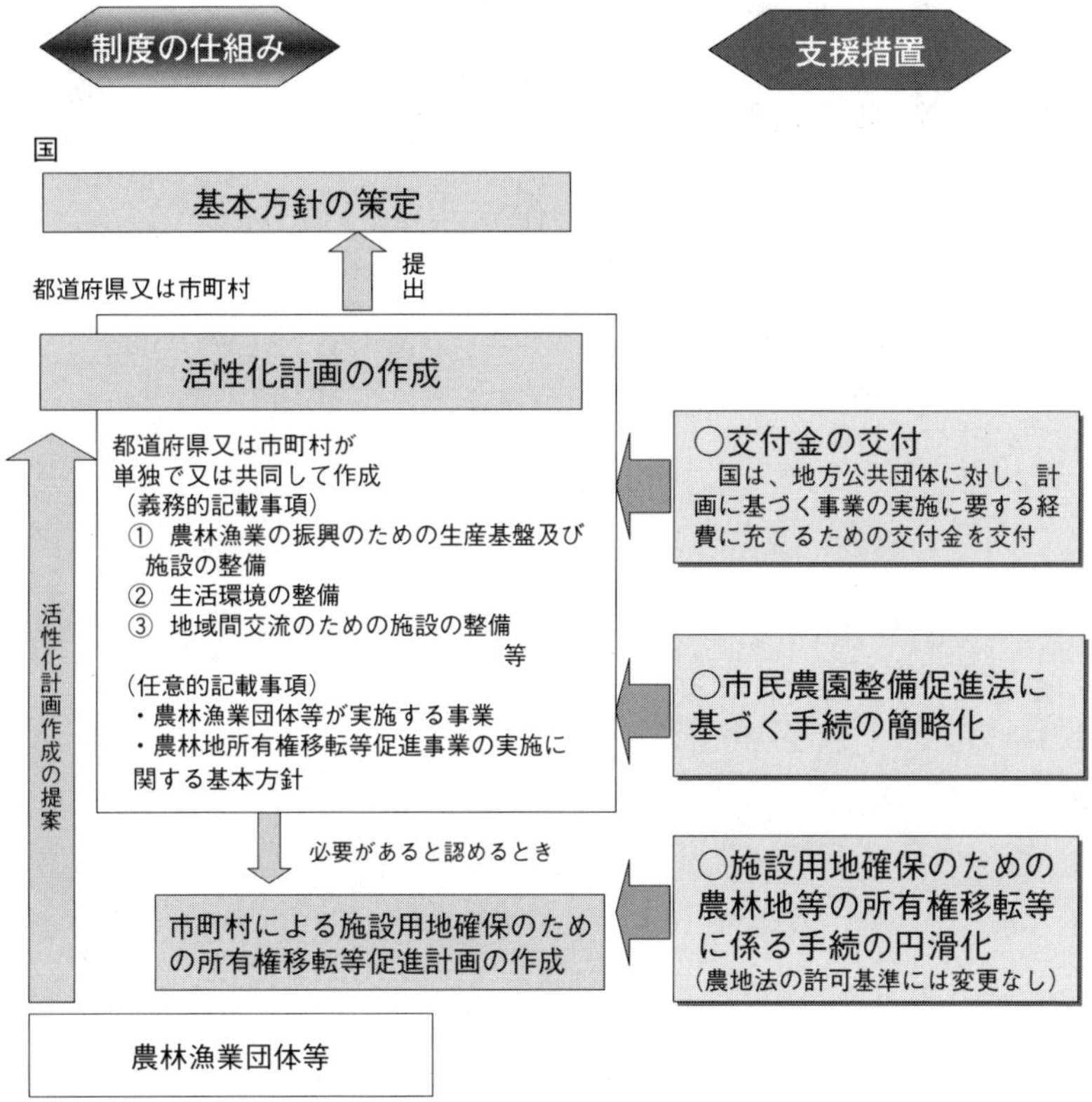
制度の仕組み
支援措置
国
基本方針の策定
提出
都道府県又は市町村
活性化計画の作成
都道府県又は市町村が
単独で又は共同して作成
（義務的記載事項）
① 農林漁業の振興のための生産基盤及び施設の整備
② 生活環境の整備
③ 地域間交流のための施設の整備
等
（任意的記載事項）
・農林漁業団体等が実施する事業
・農林地所有権移転等促進事業の実施に関する基本方針
活性化計画作成の提案
必要があると認めるとき
市町村による施設用地確保のための所有権移転等促進計画の作成
農林漁業団体等
○交付金の交付
国は、地方公共団体に対し、計画に基づく事業の実施に要する経費に充てるための交付金を交付
○市民農園整備促進法に基づく手続の簡略化
○施設用地確保のための農林地等の所有権移転等に係る手続の円滑化
（農地法の許可基準には変更なし）

四　逐条解説

第一条（目的）
第二条（定義）
第三条（地域）
第四条（基本方針）
第五条（活性化計画の作成等）
第六条（交付金の交付等）
第七条（所有権移転等促進計画の作成等）
第八条（所有権移転等促進計画の公告）
第九条（公告の効果）
第十条（登記の特例）
第十一条（市民農園整備促進法の特例）
第十二条（国等の援助等）
第十三条（農地法等による処分についての配慮）
第十四条（国有林野の活用等）
第十五条（事務の区分）
附則

（目的）

第一条　この法律は、人口の減少、高齢化の進展等により農山漁村の活力が低下していることにかんがみ、農山漁村における定住等及び農山漁村と都市との地域間交流を促進するための措置を講ずることにより、農山漁村の活性化を図ることを目的とする。

【本法の目的】

本条は、この法律の目的を規定している。

本法は、農山漁村において、基幹産業である農林漁業の不振、人口の減少、高齢化の急激な進行、生活環境の格差の拡大等により、地域の活力の低下が深刻なものとなっているという現状を踏まえ、地域内にとどまらず、地域外にも眼を向け、農山漁村における居住者及び滞在者を増加させることによって、「農山漁村の活性化」を図ることを目的とするものである。

この「農山漁村の活性化」という目的を達成するためには、当該地域で生活して農林漁業の生産活動を行い、農林地等の保全を支える居住者を維持・増加させること、すなわち「定住」を促進することがまず重要かつ不可欠な課題である。

ただし、都市への人口流出が農山漁村の人口減少の最大要因であった時代とは異なり、少子・高齢化の急速な進展により、我が国全体が人口減少時代に入る中では、これまでのように「定住」を図るのみでは、必ずしも居住者の維持・増加につながるものではない。このため、「定住」の促進に加え、近年のライフスタイルの変化を踏まえ、いわゆる「二地域居住」（＝都市の住民がその住所のほか農山漁村に居所を有すること）にも着目してその促進を図っていくことが必要となっている。

この「二地域居住」とは、農山漁村に居所を有するという点で「定住」に近い概念と考えられるが、都市に住所は維持したままであることから、「定住」の概念で包摂することは難しいと考えられるため、本法律では、「定住」のほかいわゆる「二地域居住」を含めて「定住等」と定義している。

したがって、居住者の増加を図ること、すなわち「定住等」を促進することが本法律の第一の命題となる。

次に、「農山漁村の活性化」を図る上では、居住者を増加させることだけでは限界があり、併せて都市との「地域間交流」を促進し、農山漁村の滞在者を増加させていくことが必要である。「地域間交流」は短期・一時的な滞在にとどまるものであることから、重要度から言えば「定住等」に次ぐものと考えられるが、「地域間交流」は、これによる就業機会の増大等を通じて農山漁村の住民にも直接的に利益を及ぼすものであり、「農山漁村の活性化」には欠かせない課題と言える。

また、「地域間交流」は、都市の住民にも健康的でゆとりある生活をもたらすものであることから、本法では、「定住等」のみならず「地域間交流」をも中心手段に据えてその支援措置を講ずることとする方が、国民生活全体に寄与するものとの位置付けになり、本法を制定してその促進を図るゆえんとなるものである。

以上のようなことから、本法では、「定住等」及び「地域間交流」を促進するための事業等を内容とする計画を作成する仕組みを創設するとともに、その実現を支援するため、交付金の交付、事業に必要な用地確保のための所有権移転手続の特例等の措置を講ずることとしている。このため、本条では、本法の目的は「農山漁村の活性化」であり、その目的達成の手段として、「農山漁村における定住等及び農山漁村と都市との地域間交流を促進するための措置」を講ずる旨を規定しており、このことは、本法の題名にも端的に表されている。

（定義）

第二条　この法律において「定住等」とは、農山漁村における定住及び都市の住民がその住所のほか農山漁村に居所を有することをいう。

２　この法律において「地域間交流」とは、都市の住民の農林漁業の体験その他の農山漁村と都市との地域間交流をいう。

３　この法律において「農林地等」とは、次に掲げる土地をいう。

一　耕作の目的又は主として耕作若しくは養畜の事業のための採草若しくは家畜の放牧の目的に供される土地（以下「農用地」という。）

二　木竹の集団的な生育に供される土地（主として農用地又は住宅地若しくはこれに準ずる土地として使用される土地を除く。以下「林地」という。）

三　第五条第七項に規定する活性化施設の用に供される土地及び開発して同項に規定する活性化施設の用に供されることが適当な土地（前二号に掲げる土地を除く。）

四　前三号に掲げる土地のほか、これらの土地との一体的な利用に供されることが適当な土地

本条では、この法律における基本的事項である「定住等」及び「地域間交流」を定義するとともに、農林地所有権移転等促進事業（法第五条第七項）の対象となる土地の範囲を明確にする観点から、「農林地等」について定義している。

一　「定住等」及び「地域間交流」

㈠　「定住等」とは、「農山漁村における定住」及び「都市の住民がその住所のほか農山漁村に居所を有すること」（いわゆ

る「二地域居住」）をいうこととされている。

近年、都市の住民が、就業の場である都市に生活の本拠は維持しつつ、ゆとり、安らぎ、心の豊かさ等を求めて、年間のうち数か月間、あるいは毎週末定期的に農山漁村でも生活するという、「二地域居住」と呼ばれる新しいライフスタイルが出てきている。今後、団塊世代の大量退職に伴い、このようなライフスタイルをとる人々が増加してくるものと見込まれており、農山漁村の活性化を図る上でも、これまでの「交流人口」及び「定住人口」に加え、「二地域居住人口」にも着目し、これを増加させていくための生活環境の整備等にも取り組んでいくことが重要である。

この「二地域居住」とは、農山漁村に居所を有する点で、「定住」に近い概念と考えられるが、都市に住所は維持したままの状態であることから、「定住」の概念では完全に包摂することは難しいと考えられる。このため、本法においては、「定住」のほか、「二地域居住」を含めて「定住等」と定義する。このことは、今後、農山漁村の活性化を図る上では「二地域居住人口」にも着目していくべきことを法律上明らかにしたものと考えられる。

なお、「農山漁村における定住」には、都市住民が農山漁村に移り住むことのほか、現に農山漁村に住んでいる人が離村することなく住み続けることも含む概念として捉えることが適当である。

本法では、「居所」と「住所」とは別の概念として規定されている。これらの違いは、「住所」が実質的な生活事実によって決められる生活の事実上の中心点であるとする概念であるのに対し、「居所」とは、人が多少の期間継続して居住しているが、その場所とその人の生活との結びつきが「住所」ほど密接でなく、そこがその人の生活の本拠であるというまでには至らない場所を意味している。

(二)　一般的に「地域間交流」という用語自体は、都市と都市との地域間交流を含むものであることから、本法の目的にかんがみ、本法における「地域間交流」とは、「都市の住民の農林漁業の体験その他の農山漁村と都市との地域間交流」を限定することとされている。

二　「農林地等」

㈠　本法で設けられた農林地所有権移転等促進事業（法第五条第七項）は、関係者全員の同意を前提とするものとはいえ、当事者間の契約によることなく、行政処分（所有権移転等促進計画の作成・公告）によって土地についての権利の移転を実現するという特例的制度であることから、制度の対象となる土地は、制度の趣旨に即して必要な範囲に限定されなければならないものと解される。

㈡　本事業は、活性化施設の整備を図るため行う所有権の移転等とこれを円滑に推進するために必要な代替地の所有権の移転等を促進する事業である。すなわち、施設用地を確保することがその目的であるが、農山漁村地域においては農林地（農用地及び林地）が土地利用の大宗を占めており、かつ、既に建築物が建築されている宅地を別の利用目的に転換させるよりも、農林地を開発して施設用地とする方が比較的容易であることから、施設用地の確保に当たってはまず農林地を転用してこれに充てる例が多いと考えられる。

また、施設用地の確保を円滑に進めるための代替地についても、農山漁村地域においては、土地を生産基盤としない漁業を除けば、農林業が重要な産業であって、現に農林業を営んでいる者が円滑に事業を継続できるようにすることが不可欠であることから、代替地として確保する必要性があるものは専ら農林地に限られる。

以上のように、農林地所有権移転等促進事業において対象とする土地は、そのほとんどが農林地と考えられることから、まず第一に農林地についての定義が置かれている。

なお、所有権移転等促進計画の要件（法第七条第三項第五号）等において、農用地とそれ以外で取扱いが異なることとなることから、ここでは、「農用地」と「林地」に区分して定義されている。

①　第一号の「農用地」とは、「耕作の目的又は主として耕作若しくは養畜の事業のための採草若しくは家畜の放牧の目的に供される土地」である。これは、農地法（昭和二七年法律第二二九号）第二条第一項に規定する「農地」及び「採草放牧地」に該当する土地であるが、本法では両者を特段区別する必要がないことから、あわせて「農用地」と定義している。

②　第二号の「林地」とは、「木竹の集団的な生育に供される土地（主として農用地又は住宅若しくはこれに準ずる土地

立木竹を除いたものに相当する土地である。

として使用される土地を除く。）」である。これは、森林法（昭和二六年法律第二四九号）第二条第一項に規定する「森林」から

㈢　次に、農林地以外の土地についても、

①　まず、定住等及び地域間交流を促進するために必要な活性化施設の用に供される土地や開発して活性化施設用地とすることが適当な土地については、代替農林地との関連は乏しいものの、それが活用できる場合には、これを含めて権利の移転を進めることが好ましいと解されるため、農林地所有権移転等促進事業の対象とすることとし（第三号）、

②　さらに、土留等農林地や施設用地の保全上必要な土地のほか、第一号から第三号までの土地に隣接し利用上一体となっている土地についても同時に権利移転を行うことが適当であるため、農林地所有権移転等促進事業の対象とすることとしている（第四号）。

※　なお、特定農山村地域における農林業等の活性化のための基盤整備の促進に関する法律（平成五年法律第七二号）においては、同法に基づく農林地所有権移転等促進事業の対象となる「農林地等」について、上記に掲げる土地のほか、「開発して農用地とすることが適当な土地」、「林地とすることが適当な土地」、「木竹の生育に供され、併せて耕作又は養畜の事業のための採草又は家畜の放牧の目的に供される土地（いわゆる混牧林地）」を含めているが、これは、当該事業が施設用地の確保だけでなく、農林地の農林業上の効率的かつ総合的な利用の確保を併せて目的としていることから、農林業上の利用に供される土地を広く含めたものと考えられる。これに対し、本法に基づく農林地所有権移転等促進事業は、専ら施設用地の確保を図ることが目的であることから、これらの土地は規定されていない。

（地域）

第三条　この法律による措置は、次に掲げる要件に該当する地域について講じられるものとする。

一　農用地及び林地（以下「農林地」という。）が当該地域内の土地の相当部分を占めていることその他当該地域の土地利用の状況、農林漁業従事者数等からみて、農林漁業が重要な事業である地域であること。

二　当該地域において定住等及び地域間交流を促進することが、当該地域を含む農山漁村の活性化にとって有効かつ適切であると認められること。

三　既に市街地を形成している区域以外の地域であること。

本条は、この法律の対象となる地域について規定している。

一　本法の対象地域の考え方

本法は、特定の地域を対象に、永続的に（時限法の場合は、法律に定める一定の期間）法律上の措置を講じようとする、いわゆる地域振興法と異なり、

①　農山漁村を対象として特別の措置を講ずるものであるが、その中で、都道府県又は市町村が一定期間に実施する事業内容を取りまとめた活性化計画を作成した地域のみを対象とするものであることから、当該計画の中で対象地域を特定すれば足りるものであること

②　対象地域の選定は、農地・農業用施設の整備状況、生活環境の整備状況、就業状況等を当該地域の状況に応じて総合的に判断して行うべきものであり、客観的かつ統一的な基準であらかじめ区別することは困難であること

から、本法では地域を特定する方式を採らずに、第三条において地域の定性的要件のみを法定し、第四条の規定により農林水産大臣が定める「定住等及び地域間交流の促進による農山漁村の活性化に関する基本的な方針（以下「基本方針」と

いう。)」のうちの「定住等及び地域間交流の促進のための措置を講ずべき地域の設定に関する基本的事項」に基づき、都道府県又は市町村が活性化計画においてその対象となる区域を定める方式が採られている。

二　地域の定性的要件

地域の定性的要件としては、法律上、次のような要件が定められている。

㈠　農用地及び林地が当該地域内の土地の相当部分を占めていることその他当該地域の土地利用の状況、農林漁業従事者数等からみて、農林漁業が重要な事業である地域であること（第一号）

本号は、当該地域の土地利用の状況、農林漁業従事者数等の客観的・統計的なデータを踏まえて、農林漁業が重要な事業である地域であるかどうかを判断するものである。

ただし、この旨だけを規定すると、農業上の土地利用が当該地域の一部に限られていても、地方公共団体の判断により農業が重要な事業であるとされる場合（例えば、都市部の一部で農業が営まれている場合に、当該都市部における良好な環境の確保等の観点から当該農業の継続が重要であると判断される場合など）があり得る。しかしながら、このような地域は、定住等及び地域間交流を促進する必要性が乏しい地域である。このため、このような地域を対象から除外するため、農山漁村の最も基礎的な特徴として、農林業の生産基盤である農林地（農用地及び林地）が土地利用の相当部分を占めていることから、このことが判断要素の例示として規定されている。

本号の要件については、国勢調査、農林業センサス、漁業センサス等の公的な統計データに基づき、当該地域における農林漁業に関連する客観的な指標を用いて、当該地域において農林漁業が重要な役割を担っているかをもって判断することとし、具体的な判断に当たっては、以下の数値を参考とするものとされている（基本方針第二　1）。

①　当該地域の総面積に対する農林地の占める割合がおおむね八〇％以上であること又は漁港（漁港漁場整備法（昭和二五年法律第一三七号）第二条に規定する漁港をいう。）と一体的に発展した地域であること。

②　全就業者数に対する農林漁業従事者の割合（当該地域における国勢調査の結果を用いて算定）がおおむね五％以上

であること。

㈡　当該地域において定住等及び地域間交流を促進することが、当該地域を含む農山漁村の活性化にとって有効かつ適切であると認められること（第二号）

本号は、地方公共団体が活性化計画を作成して定住等及び地域間交流を促進するための各種事業を実施する対象地域を設定するに当たっての基準を定めるものであるが、これら事業の実施が当該地域の活性化にとって有効かつ適切であることは当然のことと言える。農山漁村の活性化という本法の目的からすれば、むしろ、事業を実施する当該地域を活性化の拠点として、その周辺の地域を含めた農山漁村の活性化にとって有効かつ適切なものでなければならないと考えられることから、その旨を要件化したものである。

本号の要件については、当該地域の人口の動態、農林漁業の現状、産業振興に関するビジョン等の地域づくりの方針等との整合性について確認し、当該地域において定住等及び地域間交流を促進することが、当該地域を含む農山漁村の活性化を図るために有効であることをもって判断することとされている（基本方針第二　2）。

例えば、次のようなケースについては、この要件に該当しないものと考えられる。

①　当該地域の周辺の地域において、既に都市との地域間交流が盛んに行われていることから、当該地域に地域間交流を促進するための対策を実施しても、あまり効果が認められない場合（農山漁村の活性化にとって有効でないケース）

②　定住等及び地域間交流を促進するための対策を実施していくことが、居住者及び滞在者を増加させるという効果はあっても、当該地域の周辺の地域に存する自然環境の保全の観点からは望ましくない場合（農山漁村の活性化にとって適切でないケース）

㈢　既に市街地を形成している区域以外の地域であること（第三号）

一つの市町村の区域内において、その中心部の市街地とその他広範な面積にわたる農山漁村が含まれている場合に、当該市町村全域でみた場合には、前記㈠及び㈡に該当すると認められるケースがあり得る。とりわけ市町村合併が進展している今日、このようなケースに当てはまる市町村は相当数に上るとみられる。その場合、当該市町村全域が本法の対象地域に該当することとなると、例えば、当該市町村の市街地の住民が同市町村内の郊外地域で農業体験等を行うような場合について、「農山漁村と都市との地域間交流」に該当しないこととなるとともに人口減少等の状況にない市街地でも活性化施策を講ずることとなってしまう。このようなことは本法に基づく措置を講じる上で適切でないことから、本号の要件が設けられたものである。

本号の要件については、当該地域の人口、人口密度、建築物の敷地の面積の割合等を勘案して判断し、既に市街地を形成していると判断される区域が、定住等及び地域間交流の促進のための措置を講ずべき地域に含まれないこととされている（基本方針第二　3）。

この場合、建築物の敷地の面積の割合を勘案するに当たっては、農林漁業関係施設の占める割合を考慮することが望ましい。

また、都市計画法（昭和四三年法律第一〇〇号）に基づき指定された用途地域は、現に市街地を形成していない場合でも、将来的に都市的土地利用が行われる蓋然性が高い区域であり、「既に市街地を形成している区域」に準ずる地域に相当すると考えられるため、漁港漁場整備法に基づき指定された漁港の背後集落及び漁業センサスの対象となる漁業集落等を除いて、原則として定住等及び地域間交流の促進のための措置を講ずべき地域に含まないこととすることが望ましい。

（基本方針）

第四条　農林水産大臣は、定住等及び地域間交流の促進による農山漁村の活性化に関する基本的な方針（以下「基本方針」という。）を定めなければならない。

2　基本方針においては、次に掲げる事項を定めるものとする。

一　定住等及び地域間交流の促進の意義及び目標に関する事項

二　定住等及び地域間交流の促進のための措置を講ずべき地域の設定に関する基本的事項

三　定住等及び地域間交流の促進のための施策に関する基本的事項

四　次条第一項に規定する活性化計画の作成に関する基本的事項

五　前各号に掲げるもののほか、定住等及び地域間交流の促進に関する重要事項

3　農林水産大臣は、基本方針を定めようとするときは、国土交通大臣その他関係行政機関の長に協議しなければならない。

4　農林水産大臣は、基本方針を定めたときは、遅滞なく、これを公表しなければならない。

5　前二項の規定は、基本方針の変更について準用する。

本条は、農林水産大臣が定める基本方針について規定している。

一　基本方針の趣旨

本法は、農山漁村の厳しい現状と都市住民の農山漁村に対する意識の高まりといった社会情勢の変化を受け、定住等や地域間交流の促進といった、新たな視点からの対策を講じることにより、農山漁村の活性化を図ろうとするものである。本条は、このような新たな対策を講じるに当たっての基本的な考え方を示すとともに、都道府県又は市町村が活性化計画

（第五条）を作成する際の指針を明らかにするため、農林水産大臣が基本方針を定めることとしているものである。

本条に基づき、平成一九年八月二日に「定住等及び地域間交流の促進による農山漁村の活性化に関する基本的な方針」が定められている。

二　基本方針の内容

基本方針の内容については、第二項第一号から第五号までに掲げられた五つの項目で構成されている。

(一)　定住等及び地域間交流の促進の意義及び目標に関する事項（第一号）

本号では、定住等及び地域間交流の促進により農山漁村の活性化を図ることの意義や、地域づくりの目標とすべき姿を示すこととしている。

具体的には、次のような内容が定められている（基本方針第一）。

①　定住等及び地域間交流の促進の意義

農山漁村については、高齢化や人口の減少が都市部以上に急速に進行し、また、農業所得を始め地域住民の所得が減少傾向にあるなど、厳しい状況に置かれている。さらに、生活環境の整備状況は、都市部に比べて依然として低い水準にあり、農山漁村における活力の低下が続いているのが現状である。

一方、農山漁村は、心豊かな暮らしと自然、文化、歴史を大切にする良き伝統を代々伝えてきており、国民の価値観が多様化する中で、農山漁村に対する都市住民の関心が高まっている。

このような中で、多様なライフスタイルを実現するための手段の一つとして、農山漁村の同一地域において中長期的、定期的かつ反復的に滞在すること等により、当該地域社会と一定の関係を持ちつつ、都市における住居とは別個の生活拠点を持つ生活、いわゆる二地域居住を実践する者等、新しい形態で農山漁村とかかわりを持つ都市住民も増え始めている。

こうしたことを踏まえれば、農山漁村における定住、二地域居住及び地域間交流を促進することは、農山漁村に新たな活力をもたらすのみならず、国民全体が農山漁村の魅力を享受することにつながるものであり、農山漁村の活性化を図る上で大きな意義を持つものである。

② 定住等及び地域間交流の促進の目標

定住等及び地域間交流を促進することにより、地域を活性化するため、豊かな自然、美しい景観、ゆとりある居住空間、住民同士の親密な結び付きといった、農山漁村の有する魅力を高めることにより、国民が多様なライフスタイルを実現することが可能となるような農山漁村づくりを目指すものとする。

また、農山漁村が、農林漁業従事者を含めた地域住民の生活の場において農林漁業が営まれることによって形作られてきたものであることを踏まえ、農山漁村の活性化を図るに当たって、農林漁業が健全に展開され、これを核として地域の発展が図られることを目指すものとする。

その際、地域の関係者の合意の下で、創意工夫をして、地域全体で自主的かつ自律的な取組を行うことを基本としつつ、必要に応じ、地域住民だけでなく、価値観を共有する都市住民、ＮＰＯ法人等の参画を得ていくことが重要である。

㈡ 定住等及び地域間交流の促進のための措置を講ずべき地域の設定に関する基本的事項（第二号）

本号では、法に基づき活性化を図るべき区域を設定する際の基本的な考え方を示すこととしている（具体的な内容については、第三条の説明を参照）。

㈢ 定住等及び地域間交流の促進のための施策に関する基本的事項（第三号）

本号では、定住等及び地域間交流の促進に向け、国及び地方公共団体それぞれが講ずべき施策の基本的な方向を示すこととしている。

① 国が講ずべき措置

具体的には、次のような内容が定められている（基本方針第三）。

農山漁村の活性化を図るためには、関係行政機関が十分な意見交換を行い、必要な際には共同で事業を実施するなど、相互に密接な連携を図りながら施策を支援することが必要である。

具体的には、国は、以下に掲げる措置を講ずるよう努めることとする。

ア　施設整備等に対する支援及び調査等

地方公共団体等による定住等及び地域間交流の促進のための措置を支援するため、施設整備等に対する必要な支援措置を講ずる。

また、地域において創意工夫を生かした取組が円滑に実施されるよう、都市住民の農山漁村に対する意識や他の地域における成功事例といった、定住等及び地域間交流の促進に資する情報を調査し、収集するとともに、これらを地方公共団体等に提供する。

イ　国民の定住等及び地域間交流に対する意識の高揚等

定住等及び地域間交流を促進するためには、農山漁村の重要性に対する国民の理解が不可欠であることを踏まえ、広報活動、啓発活動、教育活動等を通じて、定住等及び地域間交流の促進のための取組の必要性等について、国民の理解を深めるよう努めるとともに、二地域居住等の新たなライフスタイルに関して社会的認知の醸成を図るものとする。

ウ　定住等及び地域間交流の促進のために国が行う事務に関する透明性の確保

定住等及び地域間交流の促進のために国が行う事務について、国民に対して政策の目的や効果を定量的・客観的に明らかにすることにより、行政の説明責任を十分に果たすものとする。

②　地方公共団体が講ずべき措置

地方公共団体は、農山漁村の活性化を図る観点から、国の施策に準じ、地域の実情に即して、定住等及び地域間交流の促進のための事業等に対する支援措置、定住等及び地域間交流の促進に関する地域住民の理解を深めるための広報活動、法に定める措置を講ずるに当たっての透明性の確保等地域における定住等及び地域間交流の促進のために必要な措置を講ずるよう努めるものとする。

特に、都道府県については、定住等及び地域間交流の促進のために市町村が講ずる措置に対し、市町村間の調整や助言等、必要な支援措置を講ずるよう努めるものとする。

㈣　活性化計画の作成に関する基本的事項（第四号）

本号では、地方公共団体が活性化計画を作成する際に留意すべき点を示すこととしている（具体的な内容については、第五条の説明を参照。）。

㈤　その他定住等及び地域間交流の促進に関する重要事項（第五号）

本号では、定住等及び地域間交流の促進により農山漁村の活性化を図る際に留意すべきその他の事項について示すこととしている。

具体的には、次のような内容が定められている（基本方針第五）。

①　優良農地の確保及び環境等への配慮

農林漁業は、農山漁村における基幹産業であり、その健全な発展を図ることが必要であることから、地域において定住等及び地域間交流の促進を図るための施設整備等を実施する際には、優良農地の確保に支障がないようにする必要がある。

この観点からすれば、大規模な農用地の転用が必要な事業は適切でないため、所有権移転等促進計画に係る農用地の転用の面積については、二ヘクタールをその上限とするものとする。

また、農山漁村は、農林漁業など、様々な人間関係の働きかけを通じて形成・維持されてきた自然環境を有しており、これらは生物多様性保全や身近な自然との触れ合いの場としての機能を有し、農山漁村の大きな魅力となっていることを踏まえ、活性化計画に基づく各種事業等の計画及び実施に当たっては、良好な環境の保全等への配慮をするものとする。

② 効率的な事務の実施体制の構築

都道府県又は市町村が農山漁村の活性化のための施策を効率的に実施するため、農林水産省の本省及び地方農政局に支援窓口を設置するものとする。

三 基本方針の策定手続

農林水産大臣は、基本方針を定めようとするときは、国土交通大臣その他関係行政機関の長に協議しなければならない（第三項）。また、基本方針を定めたときは、遅滞なく、これを公表しなければならないとされている（第四項）。

なお、基本方針は、社会・経済情勢の変化等に応じてその内容を変更することも想定されるが、その場合には第三項及び第四項の規定が準用される（第五項）。

（活性化計画の作成等）

第五条　都道府県又は市町村は、単独で又は共同して、基本方針に基づき、当該都道府県又は市町村の区域内の地域であって第三条各号に掲げる要件に該当すると認められるものについて、定住等及び地域間交流の促進による農山漁村の活性化に関する計画（以下「活性化計画」という。）を作成することができる。

2　活性化計画には、次に掲げる事項を記載するものとする。

一　活性化計画の区域

二　活性化計画の目標

三　前号の目標を達成するために必要な次に掲げる事業に関する事項

イ　定住等の促進に資する農林漁業の振興を図るための生産基盤及び施設の整備に関する事業

ロ　定住等を促進するための集落における排水処理施設その他の生活環境施設の整備に関する事業

ハ　農林漁業の体験のための施設その他の地域間交流の拠点となる施設の整備に関する事業

ニ　その他農林水産省令で定める事業

四　前号の事業と一体となってその効果を増大させるために必要な事業又は事務に関する事項

五　前二号に掲げる事項に係る他の地方公共団体との連携に関する事項

六　計画期間

七　その他農林水産省令で定める事項

3　前項第三号及び第四号に掲げる事項には、当該活性化計画を作成する都道府県又は市町村が実施する事業又は事務（以下「事業等」という。）に係るものを記載するほか、必要に応じ、定住等及び地域間交流の促進に寄与する事業等を実施しようとする農林漁業者の組織する団体若しくは特定非営利活動促進法（平成十年法律第七号）第二条第二項に規定する特定非営利活動法人又はこれらに準ずる者として農林水産省令で定めるもの（都道府県が作成する活性化計画にあっては、当該都道府県と共同して活性化計画を作成する市町村以外の市町村を含む。以下「農林漁業団体等」という。）が実施する事業等（活性化計画を作成する都道府県又は市町村が当該事業等に要する費用の一部を負担してその推進を図るものに限る。）に係るものを記載することができる。

4　前項の規定により活性化計画に農林漁業団体等が実施する事業等に係る事項を記載しようとする都道府県又は市町村は、当該事項について、あらかじめ、当該農林漁業団体等の同意を得なければならない。

5　定住等及び地域間交流の促進に寄与する事業等を実施しようとする農林漁業団体等は、当該事業等を実施しようとする地域をその区域に含む都道府県又は市町村に対し、当該事業等をその内容に含む活性化計画の案の作成についての提案をすることができる。

6　前項の都道府県又は市町村は、同項の提案を踏まえた活性化計画の案を作成する必要がないと判断したときは、その旨及びその理由を、当該提案をした農林漁業団体等に通知しなければならない。

7　活性化計画には、第二項各号に掲げる事項のほか、当該活性化計画を作成する市町村が行う農林地所有権移転等促進事業（同項第三号に掲げる事業により整備される施設（以下「活性化施設」という。）の整備を図るため行う農林地等についての所有権の移転又は地上権、賃借権若しくは使用貸借による権利の設定若しくは移転（以下「所有権の移転等」という。）及びこれと併せ行う当該所有権の移転等を円滑に推進するために必要な農林地についての所有権の移転等を促進する事業をいう。以下同じ。）に関する次に掲げる事項を記載することができる。

一　農林地所有権移転等促進事業の実施に関する基本方針

二　移転される所有権の移転の対価の算定基準及び支払の方法

三　設定され、又は移転される地上権、賃借権又は使用貸借による権利の存続期間又は残存期間に関する基準並びに当該設定され、又は移転を受ける権利が地上権又は賃借権である場合における地代又は借賃の算定基準及び支払の方法

方法

四　その他農林水産省令で定める事項

8　前項の規定により活性化計画に農林地所有権移転等促進事業に関する事項を記載しようとする市町村（都道府県と共同して当該活性化計画を作成する市町村を除く。）は、当該事項について、あらかじめ、都道府県知事に協議し、その同意を得なければならない。

9　活性化計画は、過疎地域自立促進計画、山村振興計画、農業振興地域整備計画その他法律の規定による地域振興に関する計画、地域森林計画その他法律の規定による森林の整備に関する計画並びに都市計画及び都市計画法（昭和四十三年法律第百号）第十八条の二の市町村の都市計画に関する基本的な方針との調和が保たれ、かつ、地方自治法（昭和二十二年法律第六十七号）第二条第四項の基本構想に即したものでなければならない。

10　都道府県又は市町村は、活性化計画を作成したときは、遅滞なく、これを公表するとともに、都道府県にあっては関係市町村（都道府県と共同して当該活性化計画を作成した市町村を除く。）に、市町村（都道府県と共同して当該活性化計画を作成した市町村を除く。）にあっては都道府県に、当該活性化計画の写しを送付しなければならない。

11　第四項から第六項まで、第八項及び前項の規定は、活性化計画の変更について準用する。

本条は、都道府県又は市町村が作成する活性化計画について規定している。

一　活性化計画の作成

㈠　都道府県又は市町村は、単独で又は共同して、第四条の規定により農林水産大臣が定めた基本方針に基づき、農山漁村の活性化のための定住等及び地域間交流の促進に関する計画（以下「活性化計画」という。）を作成することができることとされている（第一項）。

この活性化計画は、定住等及び地域間交流を促進するための生産基盤整備、生活環境整備、都市住民の農林漁業体験など、農山漁村の活性化に資する様々な事業を内容とするものである。この場合、地元の抱える課題や存在する地域資源等に最も精通しているのは基礎的自治体である市町村であり、また、農山漁村の振興のための施策を講じるのは市町村の第一義的な役割と考えられることから、同計画の作成主体としては、市町村がこれに当たることが最も適当と考えられる。

しかし一方で、例えば、広域的な生産基盤整備、複数市町村にまたがる農道や情報通信ネットワークの整備、県域をエリア分けした特色ある交流ゾーンの形成及びそのための総合案内所の整備など、受益が広域に及ぶような事業は従来より都道府県が広域的な見地から事業を実施してきたところである。

本法では、活性化計画を農林水産大臣に提出することにより、同計画に基づく事業実施に充てるための交付金を交付する制度が設けられており（第六条）、地方公共団体の自主性に基づく様々な取組を支援できるようにするためには、都道府県においても、当該交付金を活用して広域的な事業を実施できることとする方が適当である。

以上のことから、交付金の交付を受ける前提となる活性化計画の作成主体については、市町村のみならず、都道府県も含めることとされている。

また、都道府県又は市町村がそれぞれ単独で計画を作成する場合のほか、次に掲げるような様々な共同の取組があり得ることから、活性化計画については、都道府県又は市町村が、単独で又は共同して作成することができることとされている。

①　市町村が共同で取り組むケース

複数の市町村がそれぞれの有する地域資源の有効活用を図るため、例えば、海に面した市町村と山間部の市町村が互いに連携を図り、共同でグリーン・ツーリズムに取り組む場合など

②　都道府県と市町村が共同で取り組むケース

都道府県の一部の区域において、ユニークな地域資源を活用してグリーン・ツーリズムに取り組む際にその資源の活用を都道府県と市町村が共同で実施する場合など

③　都道府県が共同で取り組むケース

優れた地域資源が複数の都道府県にまたがって存在しているような場合に、県境を越えた広域的な連携を図ることによって、スケールメリットを活かした地域資源の有効利用を図る場合など

㈡　活性化計画については、農林水産大臣が定めた基本方針に基づいて作成する必要があるが、活性化計画の作成に当たっての基本的な考え方及び活性化計画において明確化されるべき視点について、基本方針において次のような内容が示されている（基本方針第四　1及び2）。

①　活性化計画の作成に当たっての基本的な考え方

特別な景勝地や名跡がなくても、美しい山河や田園風景といった通常の農山漁村が有する地域資源が活性化に向けた大きな力となることを改めて認識した上で、少子高齢化等の地域社会の動向、地域の農林漁業の現状、歴史・風土・景観等の地域の特性に応じ、有形・無形の地域資源を活用しつつ創意工夫を発揮して定住等及び地域間交流の促進による地域の活性化を目指す計画とする。

特に、農林漁業は、農山漁村における基幹産業であることから、活性化計画は、地域の農林漁業の健全な発展と調和のとれたものとすることが必要である。

また、定住等及び地域間交流を促進する際には、関係する地方公共団体の施策や農林漁業団体等の活動と整合性をもって施策を展開することが必要である。このため、活性化計画の作成に当たっては、作成主体となる地方公共団体は、関係する地方公共団体との連携を密にするとともに、農林漁業団体やＮＰＯ法人等の地域における関係団体との調整を十分に行うものとする。

②　活性化計画において明確化されるべき視点

活性化計画においては、これに基づく取組の効率的・効果的な実施を図る観点から、以下の視点を明確化した上で、計画期間内において実施すべき事業等を記載するものとする。

ア　自然環境、伝統文化、各種施設等の現に存在する地域資源（いわゆる「既存ストック」）を見つめ直し、これらの有している価値を再認識した上で、これを持続的かつ有効に活用することにより、事業等の効率的な実施と都市にはない農山漁村独自の魅力の増加等が図られること。

イ　地域再生計画等に基づき実施される事業等、関連し合う諸施策と連携することにより、相乗効果の発揮が図られること。

ウ　地域住民、ＮＰＯ法人等が当該地域において行う農山漁村の活性化に関する活動等との連携・協働により、事業等の効果的な実施が図られること。

エ　活性化計画に基づき実施される事業等について、できる限り客観的で透明性の高い適正な評価が図られること。

二　活性化計画に定める事項

活性化計画には、計画の区域、計画の目標、定住等及び地域間交流を促進するために行う事業、計画期間等を記載することとされている（第二項）。具体的な記載事項は、以下のとおりである。

㈠　活性化計画の区域（第一号）

本号の区域については、活性化計画を作成する都道府県又は市町村の区域内であって、第三条各号に掲げる要件に該当すると認められる範囲で定める。この場合、活性化計画が定められると同計画に定められた範囲内で行う事業について交付金が交付され、所有権移転手続の特例等の効果が生じることになる。このような地域の範囲は明確にしておかなければ、土地取引の安定性等の観点から問題が生じるおそれがある。このため、本法による措置が講じられる地域として、その範囲を特定する必要があることから、緯度経度による表示、地番による表示、道路、河川等の境界による表示等により、外縁が明確となるようにすることが適当である。また、原則として、地図等により図示することが望ましい。

㈡　活性化計画の目標（第二号）

本号の目標については、活性化計画に基づく事業の実施等により、㈠の区域において実現されるべき地域活性化の目標を記載する。この目標は、活性化計画の達成状況等についての評価に用いられることとなるため、原則として定量的な指標を用いて具体的に記述することが望ましい。目標については、活性化計画を作成する都道府県又は市町村が、当該地域の実情等を踏まえて、自主性と創意工夫を生かして設定することが望ましいが、例えば、当該地域への居住者や滞在者の増加数等を記載することが適当であると考えられる。

㈢ ㈡の目標を達成するために必要な事業に関する事項（第三号）

都道府県又は市町村が㈡の目標を達成するために実施する事業であって、次の①から④までに該当するものについて記載することとされている。

この場合、第六条の交付金を活用して実施する事業とそうでない事業について、明確に区分した上で記載するものとされている。

なお、活性化計画の区域外で実施される事業であっても、活性化計画の目標の達成に寄与すると認められるものについては、活性化計画に記載することができる。この場合、活性化計画の目標の達成にどのように寄与するのかを明記するものとされている。

また、活性化計画の基本的な性格にかんがみ、地域における農林漁業の健全な発展と調和がとれたものであることが必要であり、農林漁業等の振興及び農林地の保全を通じた国土及び環境の保全等の機能が十分に発揮されないおそれのある施設整備等に係る事業等は、活性化計画の目標を達成するために実施する事業としては適当ではないと考えられる。

さらに、農林水産省以外の府省庁等の所管に係る事業は、農山漁村の活性化を主たる目的としておらず、当該事業は記載することが適当ではないことに留意する必要がある。

① 定住等の促進に資する農林漁業の振興を図るための生産基盤及び施設の整備に関する事業（第三号イ）

定住等を促進するためには、農山漁村における基幹産業である農林漁業の振興を図ることが必要であることから、そのための生産基盤及び施設の整備に関する事業を記載する。

このうち、交付金の交付対象となる事業としては、基盤整備、農用地保全、生産機械施設、処理加工・集出荷貯蔵施設、新規就業者技術習得管理施設、農道（広域農道及び農免農道を除く。以下この①において同じ。）、連絡農道（広域農道及び農免農道を除く。以下この①において同じ。）、林道（緑資源幹線林道を除く。以下この①において同じ。）、農業集落道等の整備が該当する。

なお、農道及び連絡農道については、農業の生産の基盤の整備を、林道については、主として森林施業の実施及び管理運営に供することを、農業集落道については、農業集落周辺における農業用道路を補充し、主として農業機械の運行等の農業生産活動及び農産物の運搬に供することを、それぞれ目的とするものであることに留意する必要がある。

② 定住等を促進するための集落における排水処理施設その他の生活環境施設の整備に関する事業（第三号ロ）

定住等を促進するためには、生活の場である農山漁村について、生活環境の整備を図ることが必要であることから、集落における排水処理施設その他の生活環境施設の整備に関する事業を記載する。

このうち、交付金の交付対象となる事業としては、簡易排水施設のほか、情報通信基盤施設、簡易給水施設、防災安全施設等の整備が該当する。

③ 農林漁業の体験のための施設その他の地域間交流の拠点となる施設の整備に関する事業（第三号ハ）

地域間交流を促進するため、地域間交流の拠点となる施設の整備に関する事業を記載する。

このうち、交付金の交付対象となる事業としては、地域資源活用総合交流促進施設、市民農園その他農林漁業体験施設、農山漁村の有する地域資源を活用し、都市住民等への農山漁村に対する理解を促進すること等を目的とした自然環境等活用交流学習施設等の整備が該当する。

なお、市民農園については、第一一条に、第五条第三項に規定する市民農園の整備に関する事業を実施する農林漁業団体等について、その実施する事業が活性化計画に記載された場合には、その手続上の負担軽減を図る観点から、市民農園整備促進法（平成二年法律第四四号）第七条第一項に基づく認定の申請において、同項及び同条第二項の規定にかかわらず、簡略化された手続によることができる旨が規定されている（第一一条の説明を参照）。

④　その他農林水産省令で定める事業（第三号ニ）

①から③までに掲げる事業のほか、㈡の目標を達成するために必要な事業を記載する。

このうち、交付金の交付対象となる事業としては、「農山漁村の活性化のための定住等及び地域間交流の促進に関する法律施行規則（平成一九年農林水産省令第六五号。以下「施行規則」という。）第一条に規定する農林漁業及び食品産業その他の農林水産省の所掌に係る事業における資源の有効な利用を確保するための施設の整備のほか、地域住民活動促進施設の整備等が該当する。

㈣　㈢の事業と一体となってその効果を増大させるために必要な事業又は事務に関する事項（第四号）

㈢の事業に付随して行われる事業又は事務を記載するものであり、このうち、交付金の交付対象としては、例えば、地域間交流の拠点となる施設の整備に附帯して実施されるソフト事業のほか、都道府県又は市町村が提案する事業や農山漁村の住民への啓発、研修等の活動への支援等（ワークショップ、専門家の派遣、事業のＰＲ等）の事務等が該当する。

㈤　㈢及び㈣に掲げる事項に係る他の地方公共団体との連携に関する事項（第五号）

定住等及び地域間交流を促進する取組を行うに当たっては、他の地方公共団体と連携を強化することが重要であることから、都道府県又は市町村が活性化計画の目標を達成するための他の地方公共団体との連携について、記載する。

㈥　計画期間（第六号）

㈡の目標を達成するために必要な取組を進めようとする期間として、都道府県又は市町村は、活性化計画の始期と期間を示す必要がある。その際、計画期間の長短については、計画作成主体が自主的な判断により定めるものであるが、社会経済情勢の変化に的確に対応して事業等を実施していく必要があること、また、計画期間があまりにも長期にわたると明確な目標を設定することが困難となることから、原則として三年から五年程度を限度とすることが望ましいと考えられる。

㈦　その他農林水産省令で定める事項（第七号）

㈠から㈥までに掲げる事項のほか、活性化計画の記載事項として、施行規則第二条において次のような事項が定められている。

① 活性化計画の名称
② 活性化計画の区域の面積
③ 法第五条第二項第三号イからニまでに掲げる事業に関連して実施される事業
④ 活性化計画に農林漁業団体等が実施する市民農園の整備に関する事業を記載する場合は次に掲げる事項
ア 市民農園の用に供する土地の所在、地番及び面積
イ 市民農園の用に供する農地の位置及び面積並びに市民農園整備促進法第二条第二項第一号に掲げる農地のいずれに属するかの別
ウ 市民農園施設の位置及び規模その他の市民農園施設の整備に関する事項
エ 市民農園の開設の時期
⑤ 活性化計画の目標の達成状況についての評価に関する事項
⑥ その他農林水産大臣が必要と認める事項

三 農林漁業団体等が実施する事業

活性化計画に記載する事業は、都道府県又は市町村自身が実施するものが中心になるが、農林漁業者の組織する団体や特定非営利活動促進法（平成十年法律第七号）第二条第二項に規定する特定非営利活動法人等の農林漁業団体等（都道府県が作成する計画にあっては、共同作成市町村以外の市町村を含む。）が実施する事業であっても、都道府県又は市町村がその事業費の一部を負担してその推進を図る事業（いわゆる間接補助事業で計画作成都道府県又は市町村が自らの財源をもって補助しない場合も可）については、都道府県又は市町村が実施する事業と一体的に活性化計画に記載し、その一層の推進を図ることが適当であることから、当該事業の実施主体の同意を得て計画に記載できることとされている（第三項及び第四項）。

農林漁業団体等には、農林漁業者の組織する団体又は特定非営利活動法人に準ずるものとして、次の①から④までに掲げるものが含まれる（施行規則第三条）。

① 民法（明治二十九年法律第八九号）第三四条の法人

② 都道府県又は市町村が資本金の二分の一以上を出資している株式会社で、定住等及び地域間交流の促進に寄与する事業を営むもの

③ 営利を目的としない法人格を有しない社団であって、代表者の定めがあり、かつ、農山漁村の活性化を図るための活動を行うことを目的とするもの

④ ①から③までに掲げるもののほか、定住等及び地域間交流の促進に関する観点から必要と認められる事業又は事務を実施する者として、都道府県知事又は市町村長が指定したもの

（注） 農林漁業者の組織する「団体」としているのは、いわゆる集落営農組織のように法人格を有しない組織が広範に存在し、事業実施主体となることがあり得ることから、これら法人格を有しない組織を含めるためである。

四　農林漁業団体等による活性化計画の案の作成についての提案

近年、農山漁村に対する都市住民等の理解と期待が高まる中、農林漁業者の組織する団体や特定非営利活動法人等による都市住民の農林漁業の体験、空き家の活用による住宅の確保、市民農園付きの滞在施設の整備等による定住等及び地域間交流を促進する取組が積極的に行われるようになってきている。

こうした動きを踏まえて、農林漁業団体等のノウハウやアイディアを積極的に採り入れることにより、定住等及び地域間交流の取組を一層促進するため、これらの促進に寄与する事業を実施しようとする農林漁業団体等から、都道府県又は市町村に対し、活性化計画の案の作成についての提案をすることができることとされている（第五項）。

また、手続の透明性を確保するため、提案を受けた都道府県又は市町村は、当該提案を踏まえた活性化計画の案を作成

するかどうかを判断し、その必要がないと判断したときは、提案者にその旨及びその理由を通知しなければならないこととされている（第六項）。

これにより、農林漁業団体等が定住等及び地域間交流の促進に寄与する事業を実施しようとする地域において、未だ活性化計画が作成されていない場合に、当該事業を内容とする活性化計画の作成を都道府県又は市町村に提案することができ、当該都道府県又は市町村が国からの交付金の交付を受けること等により、事業の推進が図られることが可能となる。

また、当該地域において、既に活性化計画が作成されている場合においても、実施しようとする事業が既存の活性化計画に盛り込まれるよう、当該計画を変更することを提案できる。

五　農林地所有権移転等促進事業

(一)　農林地所有権移転等促進事業の趣旨

活性化計画に記載する事業を行う場合には、活性化施設の円滑な整備が図られるような土地利用を実現する必要があるため、その所有権の移転等を促進する必要がある。このため、市町村は、農林地等（法第二条第三項各号に規定する「農林地等」をさす。）の施設用地への転換と農林地の代替地の取得が円滑に行われるよう、様々な土地利用と複数の関係者に係る権利移転を一括して処理する農林地所有権移転等促進事業を行おうとするときは、当該事業に関する事項を活性化計画に記載することができることとされている（第七項）。

なお、代替地について「農林地」のみを規定しているのは、農山漁村においては農林業が重要な産業であって、所有権の移転等が行われた後においても、現に農林業を営んでいる者が円滑に事業を継続できるようにすることが不可欠であることから、農林業の基盤となる農林地については特に代替地を確保する必要があるためである。

（注）　農林地所有権移転等促進事業は、施設用地への農林地等の転換と当該農林地等の代替となる農林地の取得が円滑に行われるよう、様々な土地利用と複数の権利者に係る権利移転を一括して処理する制度として創設されたものである。

この農林地所有権移転等促進事業が適正かつ円滑に実施されるためには、農林地等の関係権利者の意向を尊重し、その意向に即しつつ権利関係の調整が進められることが重要である。このような関係権利者の意向の把握や、権利関係の調整は、都道府県においては対応が困難であり、最も地元に密着した基礎的自治体である市町村において、農地関係の事情に精通した農業委員会と連携して対応するのでなければ果たし得ないところである。

このため、農林地所有権移転等促進事業の実施主体については、市町村に限定されている。

㈡　農林地所有権移転等促進事業に関して活性化計画に定めるべき事項

①　農林地所有権移転等促進事業の実施に関する基本方針（第一号）

活性化施設の円滑な整備を図るとともに、周辺地域における農用地の集団化等農業構造の改善に資するよう配慮するほか、農林漁業団体等が定住等及び地域間交流の促進に寄与するために行う自主的な取組を支援することを旨とすること、農林地所有権移転等促進事業を活用することにより整備する活性化施設の範囲など、農林地所有権移転等促進事業の実施に当たっての基本的な考え方を明らかにすることが望ましい。

②　移転される所有権の移転の対価の算定基準及び支払の方法（第二号）

移転される所有権の移転の対価の算定基準については、土地の種類及び利用目的ごとに近傍類似の土地の取引の価額に比準して算定される額を基礎とし、農林地等にあってはその土地の生産力等を勘案して、活性化施設用地にあっては近傍類似の地代等から算定される推定の価格、同等の効用を有する土地の造成に要する費用の推定額等を勘案して、算定する（ただし、対象となる土地が地価公示法（昭和四四年法律第四九号）第二条第一項に規定する都市計画区域に所在し、かつ同法第六条の規定による公示価格を取引の指標とすべきものである場合においては、公示価格を基準とした価額を基礎として算定する）旨を定めることが望ましい。

また、移転される所有権の移転の対価の支払の方法については、所有権移転等促進計画に定める支払期限までに所有権の移転を受ける者が所有権の移転を行う者の指定する金融機関口座に振り込む、又は所有権の移転を行う者の住所に持参して支払う旨を定めることが望ましい。

③　設定され、又は移転される地上権、賃借権又は使用貸借による権利の存続期間又は残存期間に関する基準並びに当該設定され、又は移転を受ける権利が地上権又は賃借権である場合における地代又は借賃の算定基準及び支払の方法（第三号）

ア　地上権、賃借権又は使用貸借による権利の存続期間に関する基準については、次のとおり定めることが望ましい。

a　農用地として利用する場合においては、農地の利用調整を円滑に行うことができるよう、地域の実情に応じ関係農業者の大半が希望する期間

b　林地として利用する場合においては、森林の生育に係る期間が通常数十年と長いことに配慮した期間

c　活性化施設用地として利用する場合においては、施設の耐用年数、事業計画の年数等を考慮した期間

また、その残存期間に関する基準については、移転される地上権、賃借権又は使用貸借による権利の残存期間を基準として定めることが望ましい。

イ　地代又は借賃の算定基準については、次のとおり定めることが望ましい。

a　農地については、農業委員会が定める標準小作料、当該農地の生産条件等を勘案し、採草放牧地については、その採草放牧地の地代又は借賃の額に比準して算定する。

b　林地については、近傍の林地の地代又は借賃の額に比準して算定する。

c　活性化施設用地については、近傍の同種の施設用地の地代又は借賃の額に比準して算定する。

また、その支払の方法については、関係者に不利益が生じない範囲で極力簡便な方法にすることが望ましいとされている。したがって、一般的な方法としては、地代又は借賃は毎年所有権移転等促進計画に定める日までに、口座振込、持参等により、当該年に係る地代又は借賃の全額を一度に支払う旨を定めることが適当である。

④　その他農林水産省令で定める事項（第四号）

その他農林水産省令で定める事項として、施行規則第四条において、農林地所有権移転等促進事業の実施により、設

定され又は移転される農用地に係る賃借権又は使用貸借による権利の条件その他農用地の所有権の移転等に係る法律関係に関する事項が定められている。具体的には、次のとおりである。

ア　農用地に係る賃借権又は使用貸借による権利の条件については、所有権移転等促進計画において定める有益費の償還等権利の条件に関する事項を定めることが望ましい。

イ　その他農用地の所有権の移転等に係る法律関係に関する事項については、農林地所有権移転等促進事業の実施によって成立する当事者間の法律関係が明確になるよう賃貸借、使用貸借、売買等当事者間の法律関係に関する事項を定めることが望ましい。

㈢　都道府県知事の同意

活性化計画に農林地所有権移転等促進事業に関する事項を記載しようとする市町村（都道府県と共同して活性化計画を作成する市町村を除く。）は、当該事項について、あらかじめ、都道府県知事に協議し、その同意を得なければならないこととされている（第八項）。これは、農林地所有権移転等促進事業については、農地転用のための権利移動を伴うものが多いことから、転用許可の権限を有する都道府県知事の関与にかからしめることとされたものである。

六　他の計画等との調和

活性化計画は、その計画事項の内容や対象地域において、過疎地域自立促進計画、山村振興計画、農業振興地域整備計画その他法律の規定による地域振興に関する計画、地域森林計画等森林の整備に関する計画並びに都市計画及び都市計画法（昭和四三年法律第一〇〇号）第十八条の二の市町村が作成する都市計画の基本的な方針と極めて密接に関連していることから、その実施に当たって混乱が生じないよう、これらの各計画と調和が保たれたものである必要がある。

なお、「その他法律の規定による地域振興に関する計画」には、半島振興計画（半島振興法（昭和六〇年法律第六三号）第三条に規定する半島振興計画をいう。）、離島振興計画（離島振興法（昭和二八年法律第七二号）第四条に規定する離島振興計画をいう。）、奄美群島振興開発計画（奄美群島振興開発特別措置法（昭和二九年法第一八九号）第三条に基づく奄美群島振興開発計画をいう。）、小笠原諸島振興開発計画（小笠原諸島振興開発特別措置法（昭和四四年法律第七九号）第四条に基づく小笠原諸島振興開発計画をいう。）、豪雪地帯対策基本計画（豪雪地帯対策特別措置法（昭和三七年法律第七三号）第三条に基づく豪雪地帯対策基本計画をいう。）及び特殊土壌地帯対策事業計画（特殊土壌地帯災害防除及び振興臨時措置法（昭和二七年法律第九六号）第三条に基づく特殊土壌地帯対策事業計画をいう。）等が含まれると解される。

また、地方自治法（昭和二二年法律第六七号）第二条第四項の基本構想は、市町村における総合的かつ計画的な行政運営を図るための基本方針に当たるものであることから、活性化計画はその考え方や内容について基本構想と適合し、かつ、齟齬や矛盾がないことを担保する観点から、基本構想に「即したもの」として作成される必要がある。

このほか、国土の利用に関しては、国土利用計画（国土利用計画法第七条及び第八条に規定する都道府県計画及び市町村計画をいう。）を基本とするとともに、特定漁港漁場整備事業計画（漁港漁場整備法第一七条第一項に規定する特定漁港漁場整備事業計画をいう。）及び港湾計画（港湾法（昭和二五年法律第二一八号）第三条の三に規定する港湾計画をいう。以下同じ。）と調和が保たれたものであることが望ましい。

七　活性化計画の公表等

(一)　活性化計画の公表及び写しの送付（第一〇項）

都道府県又は市町村は、活性化計画を作成したときは、遅滞なく、これを公表しなければならないこととされている。具体的には、当該都道府県又は市町村の公報にその概要を掲載するとともに、当該都道府県又は市町村の事務所において縦覧に供することやホームページへの掲載等により、広く周知することが望ましい。

また、関係行政機関等の円滑な協力・連携に資するよう、都道府県にあっては関係市町村（都道府県と共同して当該活性化計画を作成した市町村を除く。）に、市町村にあっては都道府県に、当該活性化計画の写しを送付しなければならないこととされている。

(二)　活性化計画の変更（第一一項）

活性化計画を作成した都道府県又は市町村は、社会経済情勢の変化等により必要が生じたときは、当該活性化計画を変更することが望ましい。

この場合には、法第五条第四項から第六項まで、第八項及び第十項の規定が準用される。

八　その他留意事項

都道府県又は市町村は、活性化計画を作成するに当たっては、次に掲げる事項に留意することが望ましい。

①　市街化調整区域内において新設又は用途変更による活性化施設の整備に係る事業を活性化計画に記載する場合には、あらかじめ、都市計画法による開発許可の見込みについて都道府県又は市町村の開発許可担当部局との間において確認が得られている必要があること。

また、農地法に基づく農地転用等その他法令に基づく許認可が必要な場合においても、あらかじめ、当該許可権者等の担当部局との調整を図っておく必要があること。

②　都市計画区域内において、広場など公園と同様の機能を有する施設に係る事業を活性化計画に記載する場合には、あらかじめ、当該事業について都道府県又は市町村の都市計画、都市公園、緑地関連担当部局と十分に調整を図ること。

③　活性化計画の基本的な性格にかんがみ、定住等や地域間交流を促進する効果があるものであっても、工場や大規模商業施設は活性化施設に含まれないこととすること。

④　都道府県は、市町村が農地転用に関する内容を含む活性化計画を作成しようとする場合において、当該市町村から農地法に基づく転用手続等に係る事前の相談等があったときは、事案の内容を十分聴取の上、農地転用許可基準等の適用上の問題点の指摘を行うとともに、適正な農地転用許可申請書の提出又は所有権移転等促進計画の作成が行われるよう助言等を行うこと。

⑤　市町村が活性化計画の作成主体であり、かつ当該活性化計画に市民農園の整備に関する事業を記載する場合は、当該事業を実施しようとする農林漁業団体等は、当該市町村に、市民農園整備促進法施行規則（平成二年農林水産省・建設省令第一号）

第九条第二項各号に掲げる図面を提出すること。

⑥　活性化計画に農道整備事業・林道整備事業を含むときは、都道府県の農道担当部局・林道担当部局と道路担当部局間の連絡、調整を十分に図ること。また、活性化計画に農業集落道整備事業を含むときは、あらかじめ関係道路管理者及び関係都道府県道路担当部局と十分な時間的余裕をもって協議を行うこと。

⑦　法目的の達成度合いや改善すべき点等について検証する必要があるため、法施行後七年以内に法を見直すこととされている（法附則第二条）。このようなことにかんがみ、活性化計画の作成主体である市町村又は都道府県は、作成した活性化計画について自己評価しておくこと。

（交付金の交付等）

第六条　活性化計画を作成した都道府県又は市町村は、次項の交付金を充てて当該活性化計画に基づく事業等の実施（農林漁業団体等が実施する事業等に要する費用の一部の負担を含む。同項において同じ。）をしようとするときは、当該活性化計画を農林水産大臣に提出しなければならない。

2　国は、前項の都道府県又は市町村に対し、同項の規定により提出された活性化計画に基づく事業等の実施に要する経費に充てるため、農林水産省令で定めるところにより、予算の範囲内で、交付金を交付することができる。

3　前項の交付金を充てて行う事業に要する費用については、土地改良法（昭和二十四年法律第百九十五号）その他の法令の規定に基づく国の負担又は補助は、当該規定にかかわらず、行わないものとする。

4　前三項に定めるもののほか、第二項の交付金の交付に関し必要な事項は、農林水産省令で定める。

本条では、定住等及び地域間交流の促進を図るための取組を支援するため、都道府県又は市町村に対し、活性化計画に基づく事業等の実施に要する経費に充てるため、予算の範囲内で、国が交付することができる交付金制度について規定している。

一　活性化計画の提出

都道府県又は市町村は、交付金を充てて活性化計画に基づく事業等の実施をしようとするときは、当該活性化計画に次の書類を添付（施行規則第五条）して農林水産大臣に提出しなければならないこととされている（第一項）。

① 活性化計画の区域内の土地の現況を明らかにした図面（農林水産省令第五条第一号）

② 交付金の額の限度を算定するために必要な資料（農林水産省令第五条第二号）

二　交付金の交付

㈠　国は、都道府県又は市町村に対し、提出された活性化計画に基づく事業等の実施に要する経費に充てるため、予算の範囲内で交付金を交付することができることとされている（第二項）。

この場合において、交付金は、活性化計画を提出した都道府県又は市町村ごとに交付するものとし、その額は農林水産大臣の定めるところ（農山漁村活性化プロジェクト支援交付金実施要綱（平成一九年八月一日付け十九企第一〇〇号農林水産次官依命通知。以下「実施要綱」という。）等）により算出された額を限度とする（施行規則第六条第一項）。

㈡　この交付金の充当対象には土地改良法（昭和二四年法律第一九五号）に基づく土地改良事業（農業用道路等）が含まれているが、これについては、同法第百二十六条の規定に基づき、国は、都道府県が自ら事業を行う場合にあっては都道府県（直接補助）、市町村等が行う事業につき都道府県が補助を行う場合にも都道府県（間接補助）に対し、補助することが義務付けられている。

一方、本法に基づく交付金は、市町村が活性化計画を作成し、農林水産大臣に提出した場合には、国から市町村に直接交付されるものであることから、土地改良法の補助規定に関する特則を設ける必要がある。

これに加えて、そもそも同一の施設に二重に補助が行われることを防止しなければならないことから、土地改良法その他の法令の規定に基づく国の負担又は補助は行わないものとする旨が規定されている（第三項）。

㈢　このほか、交付金の交付手続、交付金の経理その他必要な事項については、実施要綱等の定めるところにより行わなければならない（第四項及び施行規則第六条第三項）。

三　農山漁村活性化プロジェクト支援交付金の概説

㈠　農山漁村活性化プロジェクト支援交付金の主な特徴

農山漁村活性化プロジェクト支援交付金は、今までの交付金とは異なり、次の三つの大きな特徴がある。

①　一つの計画により、農・林・水の連携が図られたプロジェクトを総合的に支援

これまでは農業分野、林野分野、水産分野の事業に係る計画を別々に策定し、別々に申請を行っていたところ、農山

漁村活性化プロジェクト支援交付金では、二つの分野にまたがる事業を行う場合であっても、1つの計画を策定し、ワンストップ窓口に申請することで当該事業の実施を可能としたところである（図1）。

② 農・林・水の縦割りなく、対象施設間の経費の弾力的運用、年度間の融通が可能

ア　施設間の経費の弾力的運用（図2）

イ　年度間の融通（図3）

③ 市町村への直接助成が可能となり、市町村の自主性・主体性が発揮

これまでの交付金においては、都道府県を必ず介して市町村に対して補助を行う仕組みであったところ、農山漁村活性化プロジェクト支援交付金においては、市町村の自主性や主体性を尊重するために、市町村への直接補助も可能としたところである（図4）。

㈡ 農山漁村活性化プロジェクト支援交付金の事業内容

農山漁村活性化プロジェクト支援交付金の交付対象となる事業の内容は次のとおりである（第五条第二項第三号及び第四号の解説も参照）（図5）。

① 農林漁業の振興その他就業機会の増大に資するものであり、具体的には、地域の創意工夫を活かしたきめの細かい生産基盤の整備や多様な地域産業の振興に必要な施設等の整備

② 定住等促進のための良好な生活環境の確保に資するものであり、具体的には、良好な生活環境に必要な情報通信施設の整備や簡易な給水・排水施設等の整備

③ 都市等との地域間交流の促進に資するものであり、具体的には、市民農園などの交流・ふれあいのための施設や地域農産物販売・提供施設等の整備

④ その他施策の目標を達成するために地方が提案する事業等

㈢ 活性化計画と交付金の額の限度を算出するために必要な資料について

農山漁村活性化プロジェクト支援交付金を活用するには、活性化計画を作成するほか、交付金の額の限度を算出するために必要な資料として、交付対象事業別概要及び事前点検シートを作成する必要がある（実施要綱及び農山漁村活性化プロジェクト支援交付金実施要領（平成十九年八月一日付け企第一〇一号農林水産省大臣官房長通知）等を参照）。

① 活性化計画、交付対象事業別概要及び事前点検シート（実施要綱第4の1の(1)の記載事項）

ア　活性化計画には、活性化計画の目標及び計画期間、活性化計画の区域、事業に関する事項（市町村名、地区名、事業名、事業実施主体、交付金充当希望の有無）、該当する場合には市民農園に関する事項、農林地所有権移転等促進事業に関する事項を記載することとしている。

イ　交付対象事業別概要の主な記載事項は、交付対象事業により達成される活性化計画の目標（事業活用活性化計画目標）、事業活用活性化計画目標設定の考え方、交付対象事業の内容、年度別事業実施計画等である。

ウ　事前点検シートには、計画全体について、例えば、活性化計画の目標及び事業活用活性化計画目標が法律及び基本方針と適合しているか、事業の推進体制は整備されているか等、また、個別事業について、例えば、事業による効果の発現は確実に見込まれるか、個人に対する交付ではないか、また目的外使用のおそれがないか等について記載することとしている。

② 活性化計画と交付対象事業別概要の目標について

活性化計画に記載する目標と、交付対象事業別概要に記載する目標は考え方が違う。活性化計画の目標には、全体的な地域づくりの目標、すなわち活性化計画に基づく取組の結果として実現されるべき地域の状態を記載することとしている。活性化計画は、定住等及び地域間交流の促進により、地域の活性化を図るための計画であるため、目標についても定住等及び地域間交流に係る事項を中心に設定することとし、原則として定量的な指標を用いつつ、地域で適宜設定をする。一方、交付対象事業別概要の目標（事業活用活性化計画目標）は、交付金を活用して実施する事業のみに焦点を絞って活性化計画の目標を定量化したものを記載することとしている。すなわち、交付対象事業を総合的に活用して実現される事業活用活性化計画目標を、あらかじめ用意された目標項目（実施要領第4の1の⑵）の中から選択して、地域で設定することとしている。

㈣　農山漁村活性化プロジェクト支援交付金の交付手続

都道府県又は市町村は、活性化計画を作成した後、当該計画とあわせて交付対象事業別概要及び事前点検シートを、ワンストップ窓口である農林水産省農山漁村地域活性化支援室に提出することとしている。支援室においては、提出された活性化計画の目標、目標と事業内容の関連性等を審査し、交付対象計画の決定及び割当内示を行う。

計画主体は、割当内示の日から四五日以内に交付申請書等を支援室に提出することとしている。支援室においては、提出された交付申請書の確認を行った後、計画主体に対して交付金交付決定を行う。交付決定を受けた計画主体において、その判断で各事業主体に交付金が配分される。

計画主体は事業を実施した後、完了報告を作成し、すべての事業が完了した翌年度の六月一〇日までに支援室に提出することとしている。また、計画主体は活性化計画が終了する翌年度の九月三〇日までに交付対象事業別概要に定められた目標の達成状況等について評価（事後評価）を行い、第三者の意見を付して支援室に提出することとしている（図6）。

図１　計画の申請方法の改善

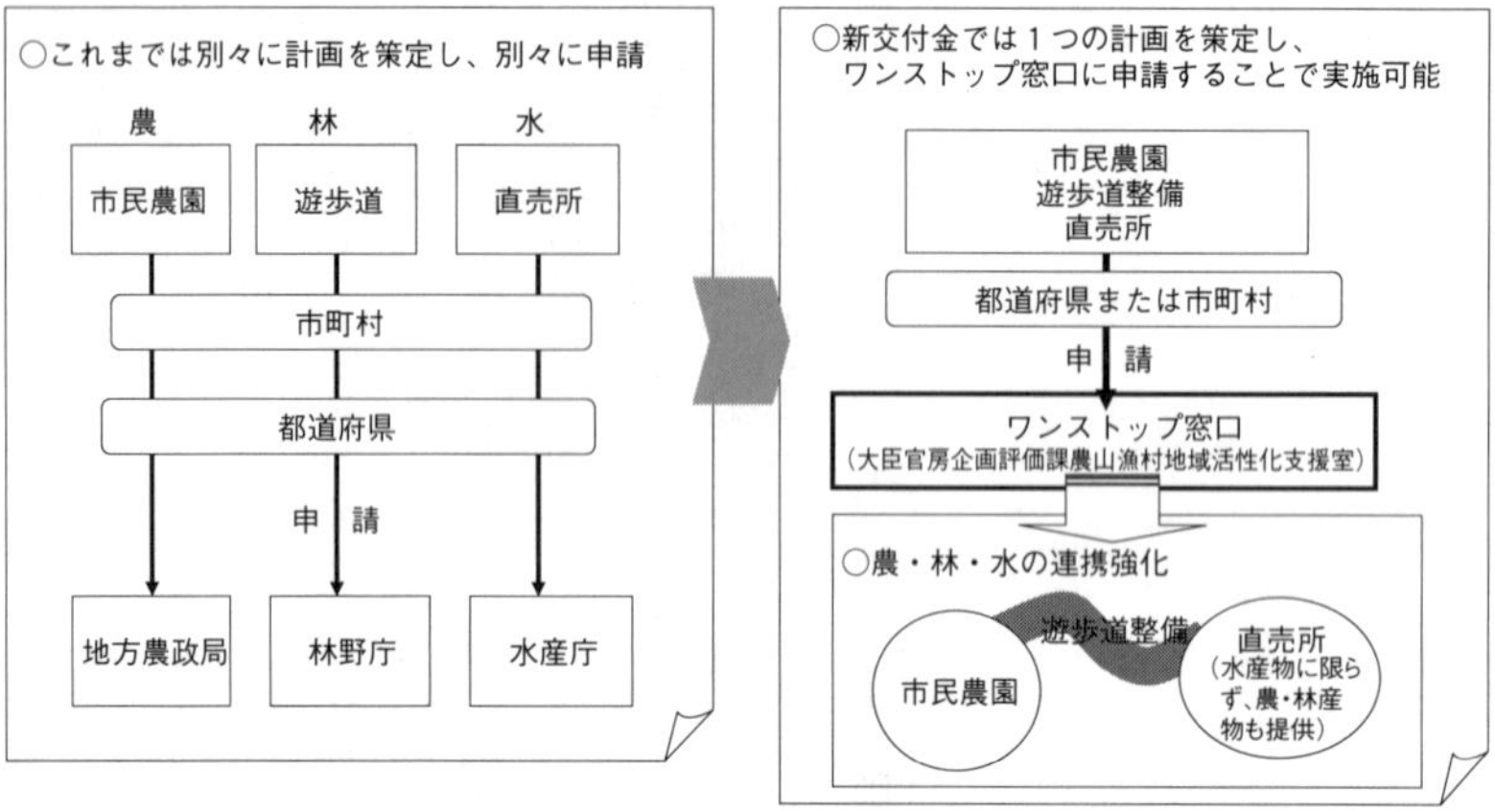

図２　施設間の経費の弾力的運用

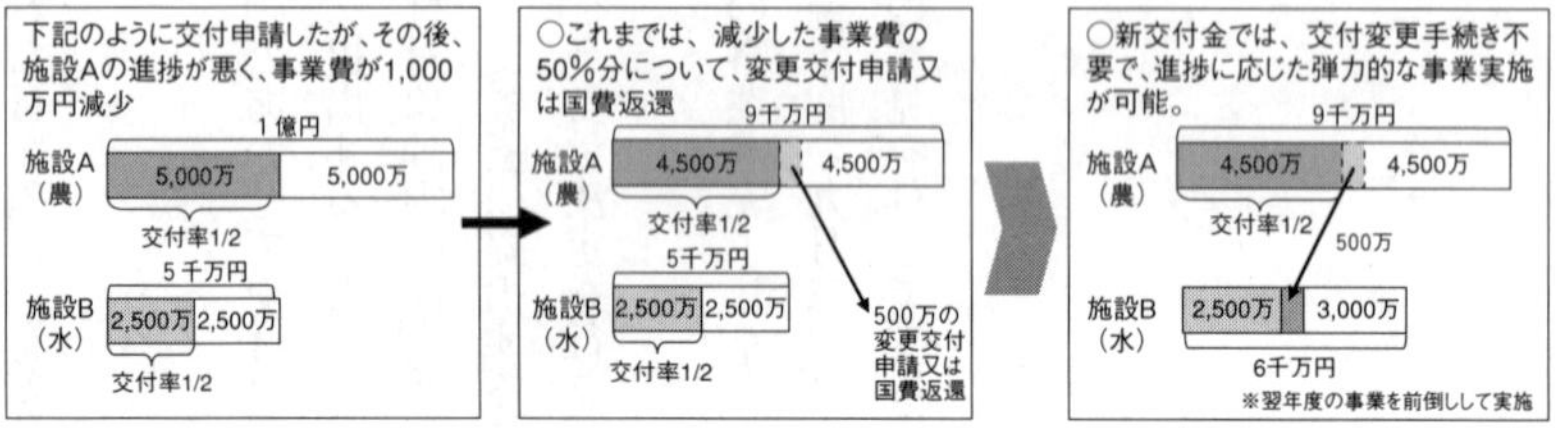

図３　年度間の融通

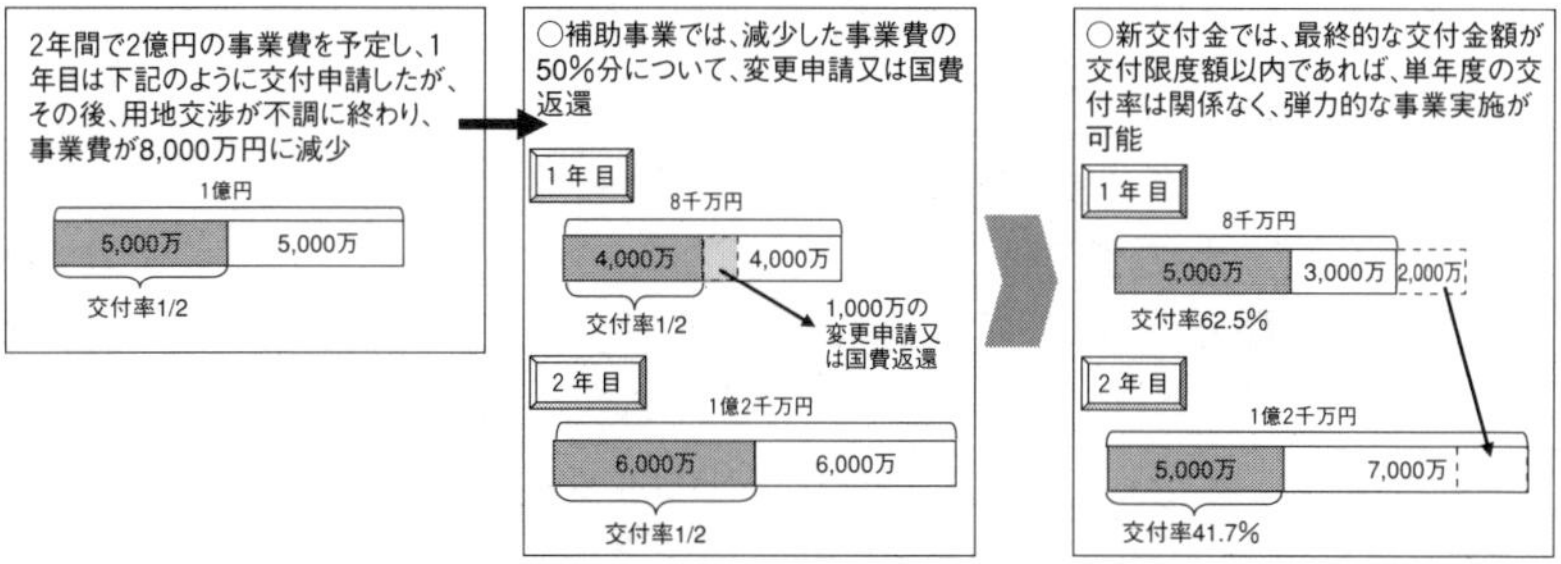

図４　交付金の流れ

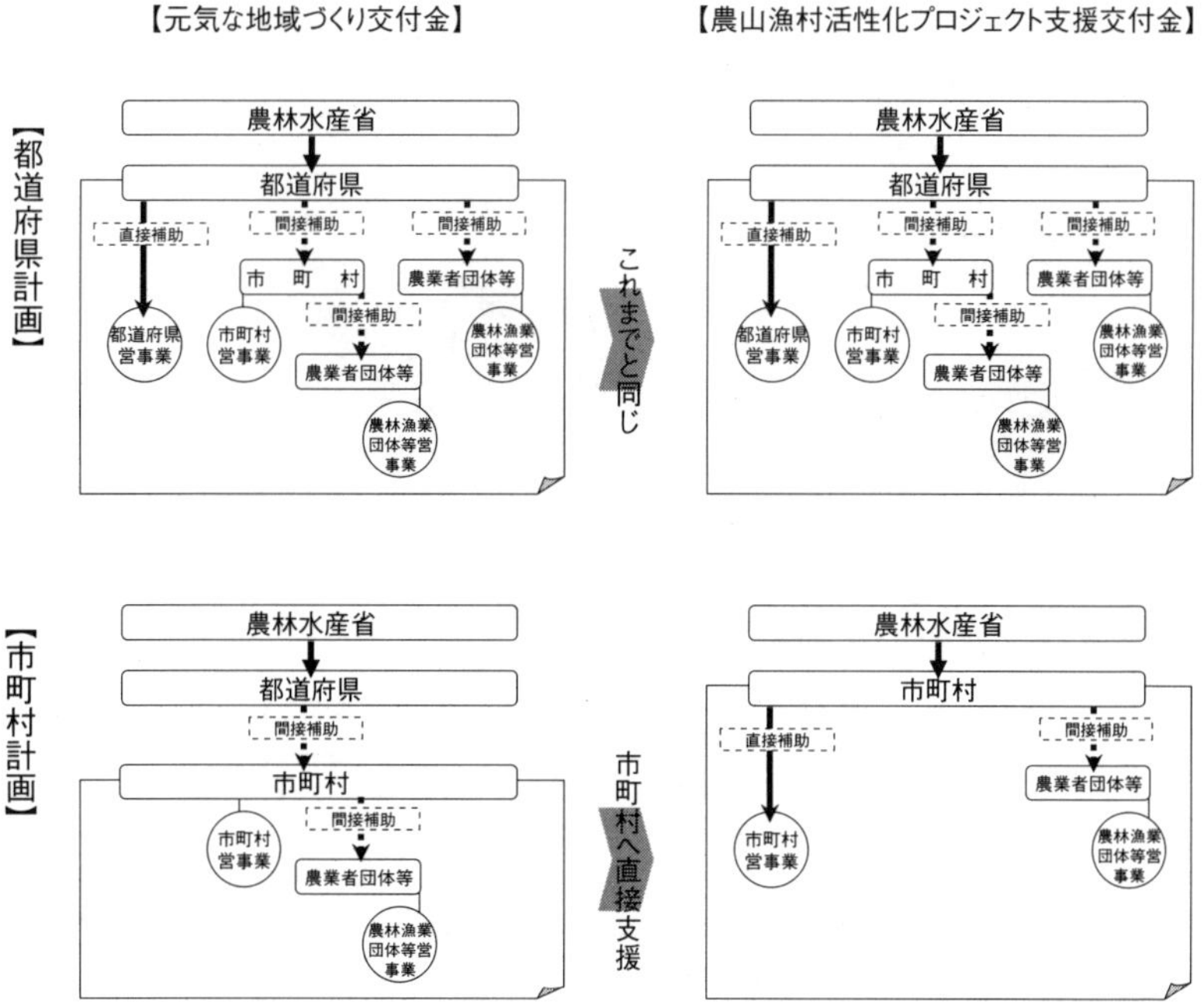

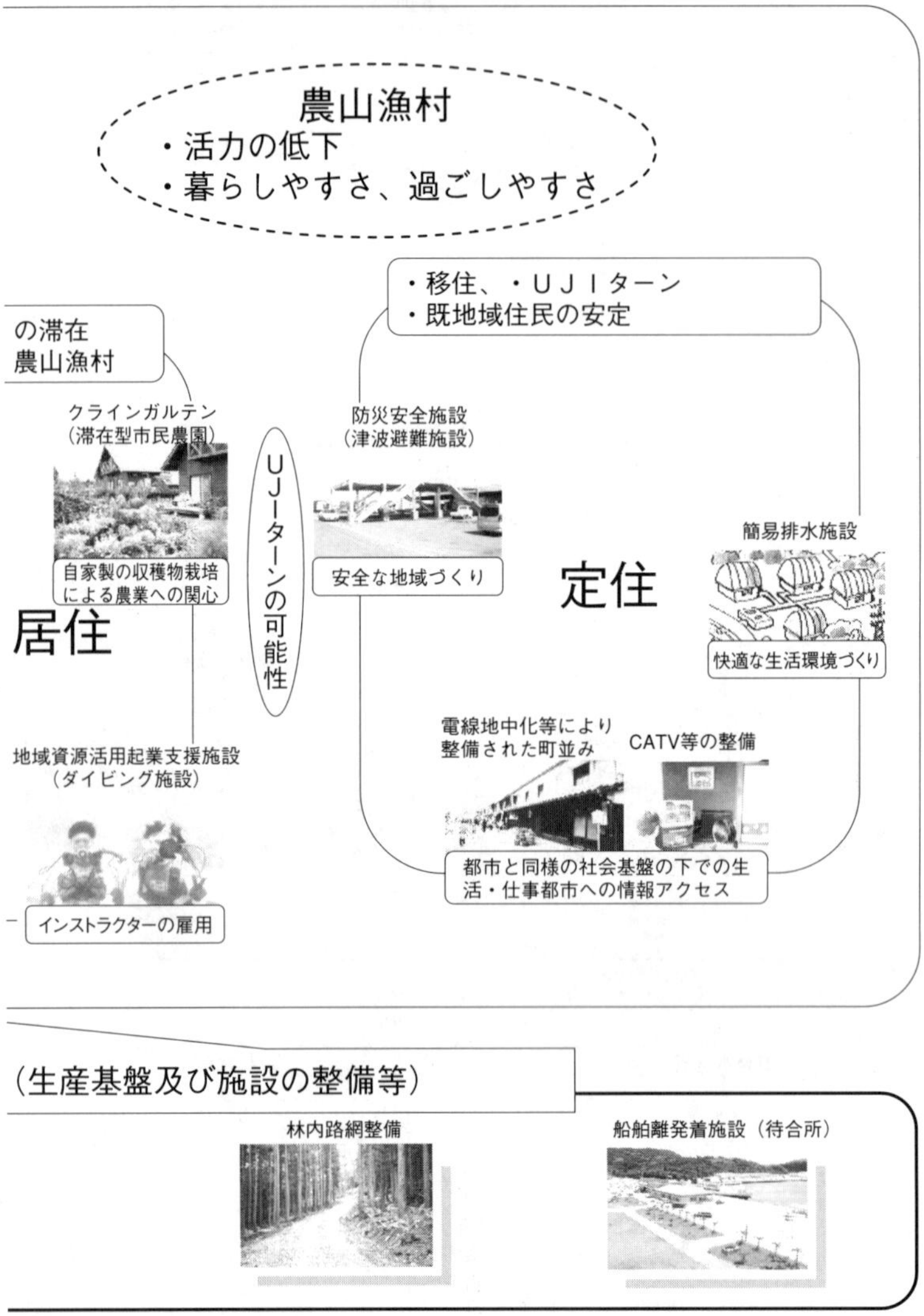

農山漁村
・活力の低下
・暮らしやすさ、過ごしやすさ
・移住、・ＵＪＩターン
・既地域住民の安定
の滞在
農山漁村
クラインガルテン
（滞在型市民農園）
自家製の収穫物栽培による農業への関心
ＵＪＩターンの可能性
防災安全施設
（津波避難施設）
安全な地域づくり
定住
簡易排水施設
快適な生活環境づくり
居住
電線地中化等により整備された町並み
CATV等の整備
都市と同様の社会基盤の下での生活・仕事都市への情報アクセス
地域資源活用起業支援施設
（ダイビング施設）
インストラクターの雇用
（生産基盤及び施設の整備等）
林内路網整備
船舶離発着施設（待合所）

図５　農山漁村活性化プロジェクト支援交付金の事業内容（イメージ）

・情報不足の解消
・人的ネットワーク不足の解消
・活用施設の不足の解消
都市
・団塊の世代の大量退職
・心の豊かさの重視
・年に１～３ヶ月程度
・平日は都会、休日は
・観光者等の一時的・短期的滞在
地域産物販売・提供施設
パート雇用の創出
直販施設
農山漁家所得の向上
廃校・廃屋等活用施設
都市住民が休日滞在し地域でボランティア
二地域間
漁村体験学習施設
交流
自然環境活用施設
（釣り施設）
新たな需要の創出
漁船操縦者の公募
管理人の雇用
森林浴歩道
情報基盤施設
木材加工実習施設
自然の魅力体感
インターネットを活用した情報発信
後継者育成
地域活性化に資する基礎づくり
農業生産施設（ハウス）
特用林産物生産施設
生産基盤整備

図６　農山漁村活性化プロジェクト支援交付金の実施手続き

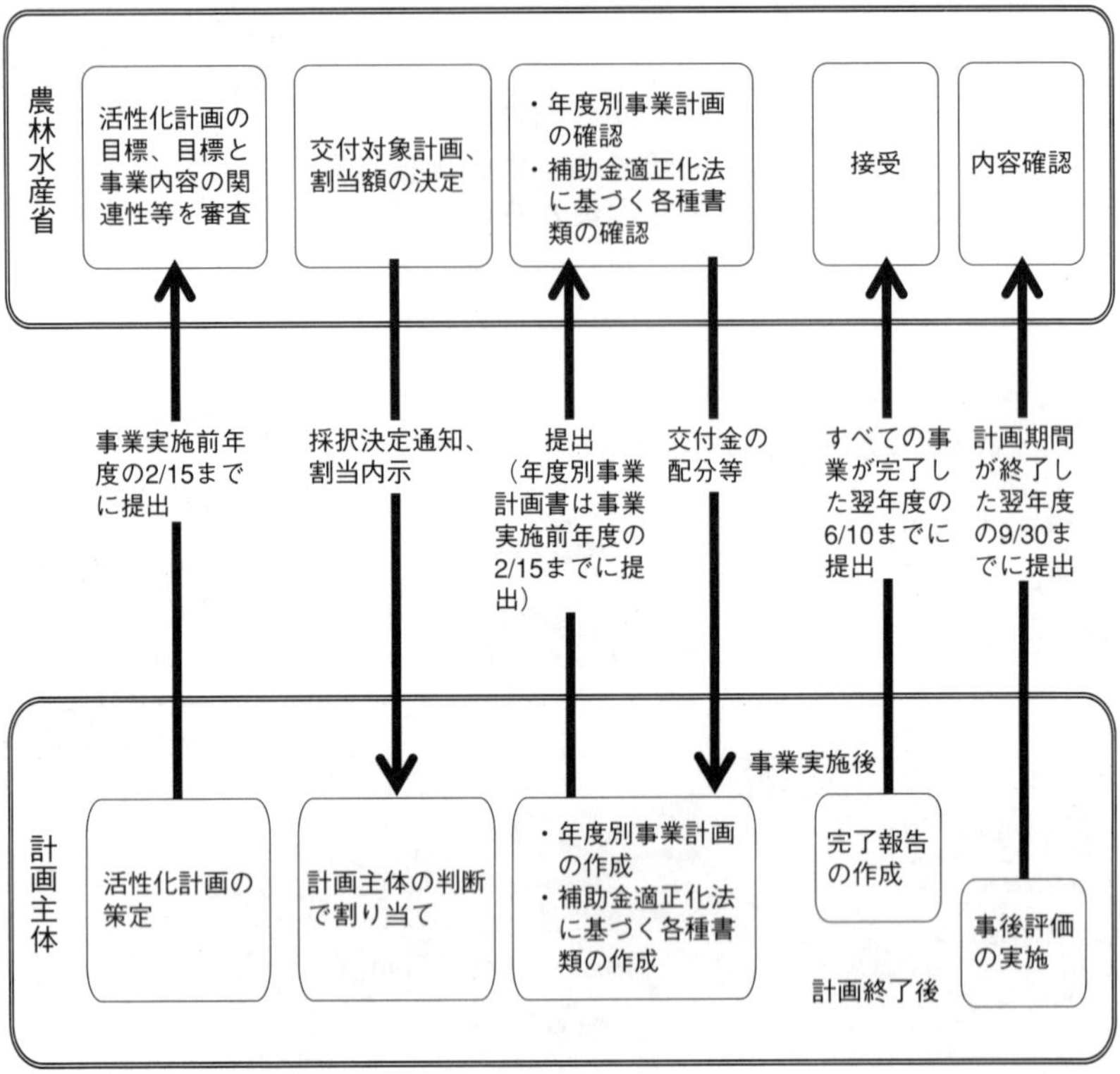
農林水産省
活性化計画の目標、目標と事業内容の関連性等を審査
交付対象計画、割当額の決定
・年度別事業計画の確認
・補助金適正化法に基づく各種書類の確認
接受
内容確認
事業実施前年度の2/15までに提出
採択決定通知、割当内示
提出（年度別事業計画書は事業実施前年度の2/15までに提出）
交付金の配分等
すべての事業が完了した翌年度の6/10までに提出
計画期間が終了した翌年度の9/30までに提出
計画主体
活性化計画の策定
計画主体の判断で割り当て
・年度別事業計画の作成
・補助金適正化法に基づく各種書類の作成
事業実施後
完了報告の作成
計画終了後
事後評価の実施

（所有権移転等促進計画の作成等）

第七条　第五条第七項各号に掲げる事項が記載された活性化計画を作成した市町村は、農林地所有権移転等促進事業を行おうとするときは、農林水産省令で定めるところにより、農業委員会の決定を経て、所有権移転等促進計画を定めるものとする。

2　所有権移転等促進計画においては、次に掲げる事項を定めるものとする。

一　所有権の移転等を受ける者の氏名又は名称及び住所

二　前号に規定する者が所有権の移転等を受ける土地の所在、地番、地目及び面積

三　第一号に規定する者に前号に規定する土地について所有権の移転等を行う者の氏名又は名称及び住所

四　第一号に規定する者が移転を受ける所有権の移転の後における土地の利用目的並びに当該所有権の移転の時期並びに移転の対価及びその支払の方法

五　第一号に規定する者が設定又は移転を受ける地上権、賃借権又は使用貸借による権利の種類、内容（土地の利用目的を含む。）、始期又は移転の時期、存続期間又は残存期間並びに当該設定又は移転を受ける権利が地上権又は賃借権である場合にあっては地代又は借賃及びその支払の方法

六　その他農林水産省令で定める事項

3　所有権移転等促進計画は、次に掲げる要件に該当するものでなければならない。

一　所有権移転等促進計画の内容が活性化計画に適合するものであること。

二　前項第二号に規定する土地ごとに、同項第一号に規定する者並びに当該土地について所有権、地上権、永小作権、質権、賃借権、使用貸借による権利又はその他の使用及び収益を目的とする権利を有する者のすべての同意が得られていること。

三　前項第四号又は第五号に規定する土地の利用目的が、当該土地に係る農業振興地域整備計画、都市計画その他の土地利用に関する計画に適合すると認められ、かつ、当該土地の位置及び規模並びに周辺の土地利用の状況からみて、当該土地を当該利用目的に供することが適当であると認められること。

四　所有権移転等促進計画の内容が、活性化計画の区域内にある土地の農林業上の利用と他の利用との調整に留意して活性化施設の用に供する土地を確保するとともに、当該土地の周辺の地域における農用地の集団化その他農業構造の改善に資するように定められていること。

五　前項第二号に規定する土地ごとに、次に掲げる要件に該当するものであること。

イ　当該土地が農用地であり、かつ、当該土地に係る前項第四号又は第五号に規定する土地の利用目的が農用地の用に供するためのものである場合にあっては、農地法（昭和二十七年法律第二百二十九号）第三条第二項の規定により同条第一項の許可をすることができない場合に該当しないこと。

ロ　当該土地が農用地であり、かつ、当該土地に係る所有権の移転等の内容が農地法第五条第一項本文に規定する場合に該当する場合にあっては、同条第二項の規定により同条第一項の許可をすることができない場合に該当しないこと。

ハ　当該土地が農用地以外の土地である場合にあっては、前項第一号に規定する者が、所有権の移転等が行われた後において、当該土地を同項第四号又は第五号に規定する土地の利用目的に即して適正かつ確実に利用することができると認められること。

4　市町村は、第一項の規定により所有権移転等促進計画を定めようとする場合において、第二項第二号に規定する土地の全部又は一部が農用地（当該農用地に係る所有権の移転等の内容が農地法第五条第一項本文に規定する場合に該当するものに限る。）であるときは、当該所有権移転等促進計画について、農林水産省令で定めるところにより、あらかじめ、都道府県知事の承認を受けなければならない。

5　都道府県知事は、前項の規定により所有権移転等促進計画について承認をしようとするときは、あらかじめ、都道府県農業会議の意見を聴かなければならない。

本条は、農林地所有権移転等促進事業による農林地等の権利移動の効果を直接生じさせる所有権移転等促進計画の作成について規定している。

一　所有権移転等促進計画の作成

農林地所有権移転等促進事業に関する事項が記載された活性化計画を作成した市町村は、当該事業を行おうとするときは、農業委員会の決定を経て、所有権移転等促進計画を定めるものとされている（第一項）。

この所有権移転等促進計画は、通常売買契約や賃貸借契約等において定められる事項がその主要な内容をなしており、その公告がなされると当該計画の定めるところにより所有権の移転等の効果が生じ、多数の売買関係や賃貸借関係等を同時に形成するという点において、いわば農林地等に関する売買契約、賃貸借契約等の集合体的な性格を有するものである。

二　所有権移転等促進計画に定める事項

所有権移転等促進計画には、次の事項を定めるものとされている（法第七条第二項、施行規則第八条）。

①　所有権の移転等を受ける者の氏名又は名称及び住所

②　①の者が所有権の移転等を受ける土地の所在、地番、地目及び面積

③　①の者に②に規定する土地について所有権の移転等を行う者の氏名又は名称及び住所

④　①の者が移転を受ける所有権の移転の後における土地の利用目的並びに当該所有権の移転の時期並びに移転の対価及びその支払の方法

⑤　①の者が設定又は移転を受ける地上権、賃借権又は使用貸借による権利の種類、内容（土地の利用目的を含む。）、始期又は移転の時期、存続期間又は残存期間並びに当該設定又は移転を受ける権利が地上権又は賃借権である場合にあっ

ては、地代及び借賃及びその支払の方法

⑥　①の者が設定又は移転を受ける農用地に係る賃借権又は使用貸借による権利の条件その他農用地の所有権の移転等に係る法律関係に関する事項（④及び⑤に掲げる事項を除く。）

⑦　②の土地の全部又は一部が農用地であり、かつ、当該土地に係る④又は⑤の土地の利用目的が農用地の用に供するためのものである場合にあっては、次に掲げる事項

ア　①の者の農業経営の状況

イ　権利を設定し、又は移転をしようとする土地が農地法第三条第二項第六号の土地であるときは、その旨

ウ　その他参考となるべき事項

なお、アについては、次に掲げる事項を記載するものとする。

a　法第七条第二項第一号に規定する者又はその世帯員が現に所有し、又は所有権以外の使用及び収益を目的とする権利を有している農用地の面積並びにこれらの者が権原に基づき現にその耕作又は養畜の事業に供している農用地の面積

b　法第七条第二項第一号に規定する者が個人である場合にあっては法第七条第二項第一項に規定する者又はその世帯員がその耕作又は養畜の事業に従事している状況及びこれらの者が当該事業につきその労働力以外の労働力に依存している状況、法人である場合にあってはその法人のその耕作又は養畜の事業に係る労働力の状況

c　法第七条第二項第一号に規定する者又はその世帯員がその耕作又は養畜の事業に供している農機具及び役畜の状況

三　所有権移転等促進計画の要件

所有権移転等促進計画は、次に掲げる要件を満たすものでなければならないこととされている（第三項）。

㈠　活性化計画への適合（第一号）

所有権移転等促進計画の内容は、法第五条第七項の規定により活性化計画に定められた農林地所有権移転等促進事業に係る事項その他活性化計画の内容に適合するものでなければならないこととされている。

(二) 関係権利者の同意（第二号）

所有権移転等促進計画は、所有権の移転等が行われる土地ごとに、所有権の移転等を受ける者並びに所有権の移転等が行われる土地について、所有権、地上権、永小作権、質権、賃借権、使用貸借による権利又はその他の使用及び収益を目的とする権利を有する者のすべての同意が得られていなければならないこととされている。

(三) 農業振興地域整備計画、都市計画等への適合（第三号）

所有権の移転等が行われる土地の利用目的は、当該土地に係る農業振興地域整備計画、都市計画等の土地利用に関する計画に適合すると認められ、かつ、当該土地の位置及び規模並びに周辺の土地利用の状況からみて、当該土地を当該土地利用目的に供することが適当と認められなければならないこととされている。なお、所有権の移転等が行われる土地に港湾法第二条第四項に規定する臨港地区内の土地を含む場合にあっては、「土地利用に関する計画」には港湾計画が含まれる。

(四) 農業構造の改善に資するように定められていること（第四号）

所有権移転等促進計画の内容は、活性化計画の区域内にある土地の農林業上の利用と他の利用との調整に留意して活性化施設の用に供する土地を確保するとともに、当該土地の周辺の地域における農用地の集団化その他農業構造の改善に資するように定められていることとされている。

この趣旨は、大規模な農地の転用を含み、地域の農業の健全な発展に支障を来すことがないようにするとともに、認定農業者（農業経営基盤強化促進法（昭和五五年法律第六五号）第十二条に基づき経営改善計画の認定を受けている者をいう。以下同じ。）等の担い手の経営農地を活性化施設の用地に供することのないように配慮するとともに、必要な場合には所有権移転等促進計画の中で認定農業者等への利用権の設定等を行うことが適当であるということである。

したがって、認定農業者等の経営地をやむを得ず活性化施設の用に供する場合には、例えば、当該認定農業者等の経営面積が縮小しないよう既存経営地に隣接した農地を代替地として所有権移転等促進計画の中で手当てすることも考えられる。

また、優良農地の確保の観点から、所有権の移転等を受ける土地が二ヘクタールを超える農用地であって、かつ、当該土地に係る所有権の移転等の内容が農地法第五条第一項本文に該当する場合を含む所有権移転等促進計画は、この要件に照らして適当でないと考えられる。

㈤ 所有権の移転等を受ける土地の要件（第五号）

所有権の移転等を受ける土地ごとに、次に掲げる要件に該当するものであることとされている。

① 当該土地が農用地であり、かつ、当該土地に係る所有権の移転等の後の利用目的が農用地の用に供するためのものである場合にあっては、農地法第三条第二項の規定により同条第一項の許可をすることができない場合に該当しないこと。

② 当該土地が農用地であり、かつ、当該土地に係る所有権の移転等の内容が農地法第五条第一項本文に規定する場合にあっては、同条第二項の規定により同条第一項の許可をすることができない場合に該当しないこと。

③ 当該土地が農用地以外の土地である場合にあっては、所有権の移転等を受ける者が、所有権の移転等が行われた後において、利用目的に即して適正かつ確実に利用することができると認められること。

四 所有権移転等促進計画の作成に当たっての留意事項

市町村は、所有権移転等促進計画の作成に当たっては、次に掲げる事項に留意することが望ましい。

㈠ 所有権移転等促進計画には、農用地についての所有権の移転等が必ず含まれていなければならないこと。

㈡ 法第七条第三項第二号の同意が円滑に得られるよう、あらかじめ、農業委員会等の関係者の協力を得るなどして、所有権移転等促進計画の案を作成すること。

㈢ 所有権の移転等の対象となる土地が農用地であり、かつ、当該土地に係る所有権の移転等の後の利用目的が農用地の用に供するためのものである場合には、農業委員会と事前調整を行い、農地法第三条第二項各号に該当しないことを確認すること。

㈣　所有権の移転等の対象となる土地が農用地であり、かつ、当該土地に係る所有権の移転等の内容が農地法第五条第一項本文に規定する場合にあっては、農業委員会と事前調整を行い、同条第二項の規定により同条第一項の許可が可能か否かを確認すること。

㈤　所有権の移転等が行われた後の土地の利用目的に関し、農業振興地域整備計画、都市計画への適合性の判断及び公共施設の整備状況、周辺の土地利用の状況等を勘案した判断など様々な観点があるため、それらにふさわしい部局が緊密に連携を図りつつ処理すること。

五　農業委員会の決定

市町村は、所有権移転等促進計画を定めようとするときは、所有権の移転等に係る土地ごとに、所有権の移転等を受ける者及び当該土地について所有権、地上権、永小作権、質権、賃借権、使用貸借による権利又はその他の使用及び収益を目的とする権利を有する者のすべての同意を得た上で、農業委員会に諮り、その決定を経なければならない。

所有権移転等促進計画を農業委員会の決定に係らしめているのは、農業委員会はその重要な任務の一つとして農用地の利用関係の調整に関する事務を担っていることによるものである。この場合、所有権移転等促進計画は、多数当事者間の権利移動をまとめた集合体的な性格のものであり、計画の一部（農用地についての権利移転部分）を切り離してこれのみについて関与させることは困難であることから、計画全体について農業委員会が決定することとしているが、農用地以外の土地に係る権利関係の調整について判断するものではない。

農業委員会は、所有権移転等促進計画について決定を行うときは、農用地の権利移動が適切に行われることを旨として、当該決定に要する期間その他活性化計画の円滑な達成を図るために必要な事項につき適切な配慮をするものとするとされている（施行規則第七条）。したがって、農業委員会は、活性化計画担当部局から所有権移転等促進計画の作成に係る事前相談があった場合には、これに応じるとともに、所有権移転等促進計画の決定に係る事務処理を遅滞なく完了させるよう努めるものとすることが望ましい。

六　都道府県知事の承認

(一)　市町村は、所有権移転等促進計画を定めようとする場合において、所有権の移転等の対象となる土地の全部又は一部が農用地（当該農用地に係る所有権の移転等の内容が農地法第五条第一項本文に規定する場合に該当するものに限る。）であるときは、当該所有権移転等促進計画について、あらかじめ、都道府県知事の承認を得なければならないこととされている（第四項）。これは、農用地の転用のための権利移動については、本来、農地法第五条第一項に基づく都道府県知事の許可が必要であるが、市町村が作成する当該所有権移転等促進計画については、主体が公的機関であり、農業政策上適切な判断が一応行われていると推定されることから、農地法に基づく転用許可は不要とし、あらかじめ都道府県知事の承認を受けることで足りることとしているものである。

この承認申請に当たっては、申請書に所有権移転等促進計画書及び次の書類を添えて、都道府県知事に提出しなければならない（施行規則第九条）。

①　次に掲げる事項を記載した書面

ア　土地の利用状況及び普通収穫高

イ　所有権の移転等の当事者がその土地の転用に伴い支払うべき給付の種類、内容及び相手方

ウ　土地の転用の時期及び転用の目的に係る施設の概要

エ　土地を転用することによって生ずる付近の農用地、作物、家畜等の被害の防除施設の概要

②　土地の位置を示す地図

③　その申請に係る土地に設置しようとする建物その他の施設及びこれらの施設を利用するために必要な道路、用排水施設その他の施設の位置を明らかにした図面

④　申請に係る農用地が土地改良区の地区内にある場合には、当該土地改良区の意見書（意見を求めた日から三〇日を経過してもなおその意見を得られない場合には、その事由を記載した書面）

⑤　その他参考となるべき事項を記載した書類

㈡　都道府県知事は、法第七条第四項の承認に当たっては、法令の定めによるほか、次によるものとする。

①　都道府県知事は、市町村から法第七条第四項の申請に係る申請書の提出があったときは、申請内容が法第七条第三項各号に掲げる要件に該当するかどうか審査し、承認又は不承認を決定し、その旨を市町村に通知する。

②　承認に当たっては、農地法第五条第二項の規定により同条第一項の許可が可能かどうかを審査し、必要がある場合には現地調査を行い、不適当な農用地の転用が行われることのないようにするものとする。

③　所有権の移転等が行われた後の土地の利用目的に関し、農業振興地域整備計画、都市計画への適合性の判断及び公共施設の整備状況、周辺の土地利用の状況等を勘案した判断など様々な観点があるため、関係部局が緊密に連携を図りつつ処理するものとする。

④　法第四条第一項に基づく基本方針第五の一にあるように、農林漁業は、農山漁村における基幹産業であり、その健全な発展を図ることが必要であることから、地域において定住等及び地域間交流の促進を図るための施設整備等を実施する際には、優良農地の確保に支障がないようにする必要があり、所有権の移転等を受ける土地が二ヘクタールを超える農用地であって、かつ、当該土地に係る所有権の移転等の内容が農地法第五条第一項本文に該当する場合を含む所有権移転等促進計画については、法第七条第三項第四号の要件に照らして適当でないことについて、都道府県知事は留意するものとする。

⑤　都道府県知事による承認を受けた所有権移転等促進計画については、法第八条第二項による通知が行われないため、当該承認が当該所有権移転等促進計画の効力発生前に最終的に都道府県知事によって確認する機会となるものであることから、当該所有権移転等促進計画の全体の内容が適切なものであることを確認する必要がある。

㈢　都道府県知事は、所有権移転等促進計画について承認しようとするときは、あらかじめ、都道府県農業会議の意見を聴かなければならない（第五条）。これは、農地法においては、都道府県単位の農業施策への影響を判断するため、都道府県知事が転用許可を行う際には都道府県農業会議の意見を聞かなければならない（同法第四条第三項及び第五条第三項）とされているため、本法においても同様の取扱いとしたものであり、農用地の適切な転用を行うという趣旨によるものである。

（所有権移転等促進計画の公告）

第八条　市町村は、所有権移転等促進計画を定めたときは、農林水産省令で定めるところにより、遅滞なく、その旨を公告しなければならない。

2　市町村は、前項の規定による公告をしようとするときは、農林水産省令で定めるところにより、あらかじめ、その旨を都道府県知事に通知しなければならない。ただし、前条第四項の承認を受けた所有権移転等促進計画について前項の規定による公告を行う場合については、この限りでない。

本条は、所有権移転等促進計画の公告の手続について規定している。

一　市町村の公告（第一項）

所有権移転促進計画を定めたときの公告は、①所有権移転等促進計画を定めた旨及び当該所有権移転等促進計画（第七条の解説二⑦に掲げる事項を除く。）、②当該所有権移転等促進計画が法第七条第四項により都道府県知事の承認を受けている場合には、その旨を市町村の公報その他所定の手段（例えば、市町村のホームページへの掲載）により行うものとされている（施行規則第十条）。

二　都道府県への通知（第二項）

市町村が第一項の規定による公告をしようとするときは、あらかじめ、その旨を都道府県知事に通知しなければならないこととしている。この通知は、その通知書に公告しようとする所有権移転等促進計画及び当該公告の予定年月日を記載した書面を添付してするものとされている（施行規則第十一条）。

この都道府県への事前通知は、第七条第四項の規定による都道府県の承認を受ける必要のない所有権移転等促進計画（具体的には、農地転用を含まない計画）を公告しようとする場合に必要となる（本項ただし書）。この事前通知によって、公告による所有権移転等促進計画の効力発生前に最終的に都道府県知事によって確認する機会を設けることが適当であるとの趣旨で設けられたものであり、都道府県知事は、通知を受けたときは、速やかに通知に係る所有権移転等促進計画の内容を検討し、第七条第三項の要件との整合その他について問題があれば、遅滞なく市町村に対してその問題の箇所及び理由を示すなど適切に対応する必要がある。その際、所有権の移転等が行われた後の土地の利用目的に関し、農業振興地域整備計画、都市計画への適合性の判断及び公共施設の整備状況、周辺の土地利用の状況等を勘案した判断など様々な観点があるため、それにふさわしい部局が緊密に連携を図りつつ処理することが望ましい。

所有権移転等促進計画のイメージ

【例1】農用地の一部を転用して交流施設等の整備を行うケース

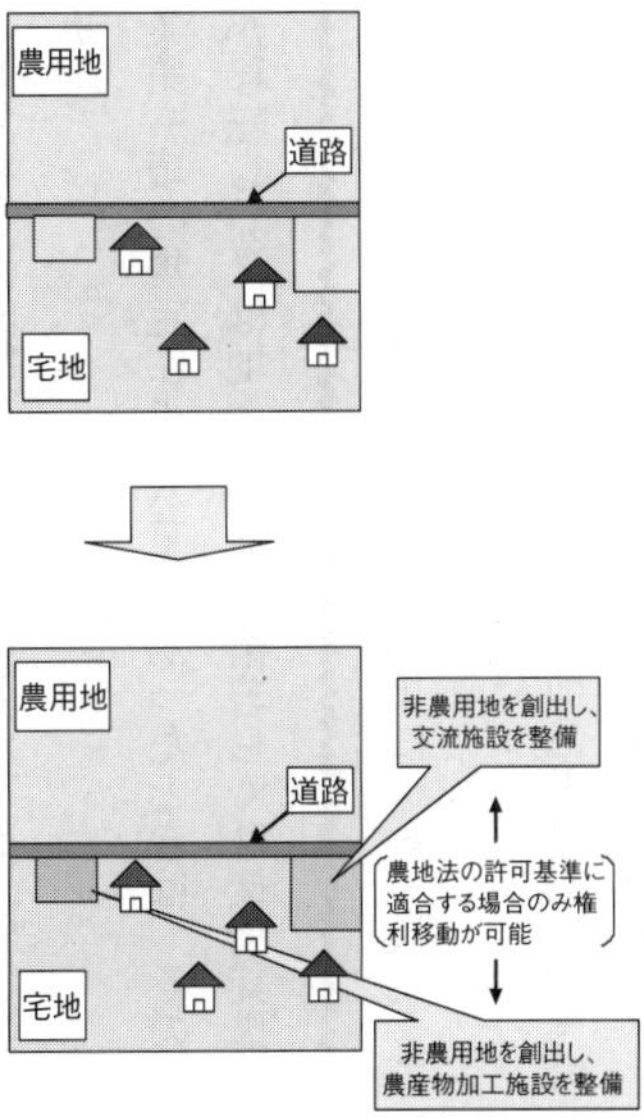

【例2】担い手の耕作地に交流施設等を整備しつつ、効率的な土地利用を実現するケース

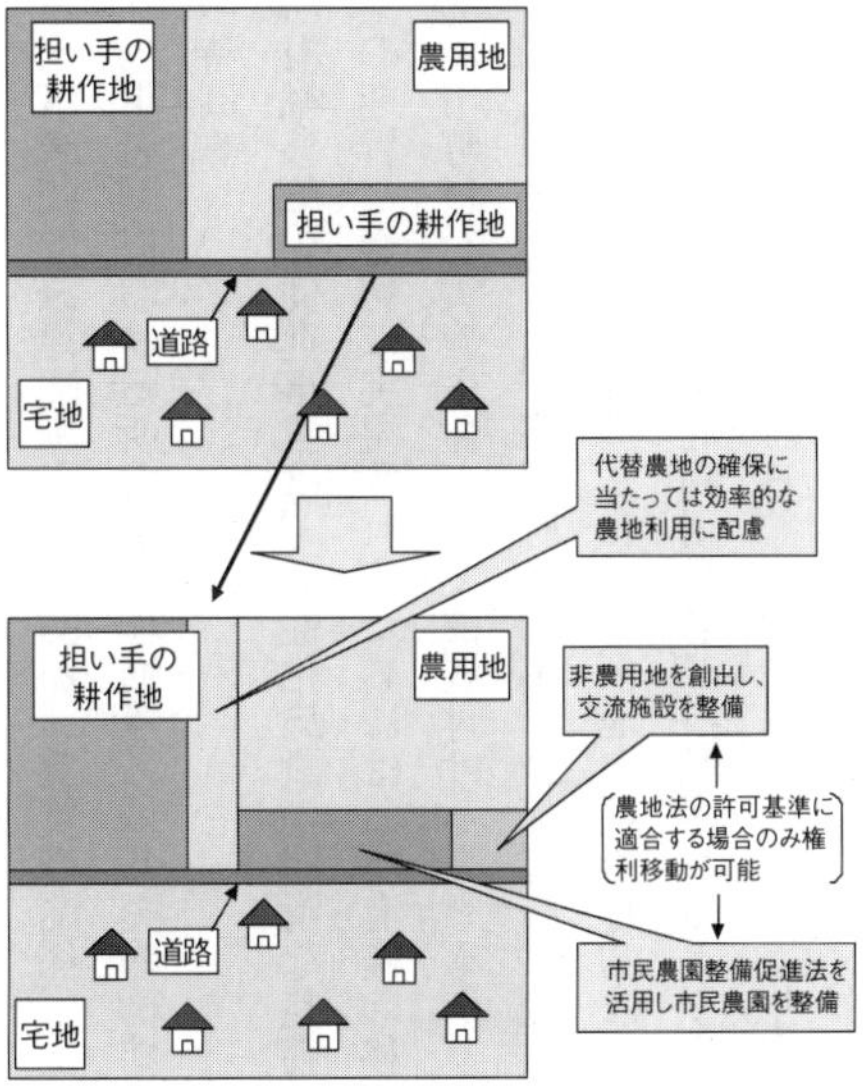

（公告の効果）

第九条　前条第一項の規定による公告があったときは、その公告があった所有権移転等促進計画の定めるところによって所有権が移転し、又は地上権、賃借権若しくは使用貸借による権利が設定され、若しくは移転する。

本条は、所有権移転等促進計画の公告の効果について規定している。

一　公告の効果

所有権移転等促進計画は、対象となる土地ごとに当事者を含む関係者全員の同意によって成立するものであり、その公告を要件として、対象となる土地についての契約法的効果を付与するものである。この公告により、所有権移転等促進計画に定める当事者間の法律関係（売買関係、賃貸借関係、使用貸借関係）が発生することとなる。よって、当事者間における所有権の移転等に係る契約締結行為は不要となる。

二　農地法の特例等

農林地所有権移転等促進事業は、活性化施設の円滑な整備を推進することを目的として実施されるものであり、このような本事業の趣旨が適切に実現されるためには、所有権の移転等が公正に行われることが極めて重要であることから、公的主体である市町村を実施主体として位置付けるとともに、所有権移転等促進計画についても農地法に基づく許可制度を念頭に置いて、農業委員会、都道府県知事及び都道府県農業会議による関与が規定されている。

また、所有権移転等促進計画における土地の利用目的は、農業振興地域整備計画その他の土地利用に関する計画に適合させることとしており、適正な利用目的が担保されるよう措置することとしていることから、所有権移転等促進計画は極めて慎重な手続を経て定められるものであり、公告により実現される所有権の移転等の内容は、農地法等に基づく規制制度の観点からも十分適正なものとなっていると解される。

このため、所有権移転等促進計画に従って、所有権の移転等が行われる場合には、改めて農地法等に基づく許可に係らしめる必要はないという考え方の下で、後述のように

① 農地法第三条（権利移動の許可）、第四条（転用の許可）及び第五条（転用のための権利移動の許可）の特例

② 農業振興地域の整備に関する法律（昭和四十四年法律第五十八号。以下「農振法」という。）第十五条の二（開発行為の許可）の特例

が設けられている（附則第五条および第六条の説明参照）。

三 公告の性格等

① 公告の性格

所有権移転等促進計画の作成は、これを公告することにより特定人の権利義務を具体的に決定することとなることから、行政処分に当たると解される。したがって、法令に定める要件又は手続に違反した作成又は公告が行われた場合には、その行政処分は、いわゆる瑕疵ある行政処分であり、市町村はこれを取り消すこととなる。

また、所有権の移転等に係る土地が正当な事由なく公告があった所有権移転等促進計画に定める利用目的に供されていない場合等で詐欺その他不正な手段により当該所有権移転等促進計画を作成させたと認めるときは、市町村は、当該土地に係る所有権移転等促進計画を取り消すことができる。この場合において、所有権移転等促進計画の取消しは、その取消しの公告をすれば足りる。

なお、前記の場合以外であっても、所有権移転等促進計画の公告後の事情変更により農林地所有権移転等促進事業の目的を達成することが困難になったために当該所有権移転等促進計画を取り消さざるを得ないことも考えられるので、市町村は、所有権移転等促進計画の取消権を留保しておくことが適当である。

② 所有権移転等促進計画の公告後の処理

所有権移転等促進計画の公告を行った市町村（以下「公告市町村」という。）は、当該計画に記載された所有権の移

転等のうち所有権の移転等の内容が農地法第五条第一項本文に規定する場合にあっては、必要に応じて現地調査を行うほか、台帳を作成するなどにより、当該所有権の移転等の目的となった事業（以下「転用事業」という。）の公告後の進捗状況を常に把握しておくことが望ましい。

公告市町村は、転用事業の進捗状況が転用事業に係る計画（以下「転用事業計画」という。）に記載された工事の着手又は完了の時期から著しく遅延しているときその他転用事業を行う者（「以下「転用事業者」という。）が転用事業計画どおりに工事を行っていないときは、当該転用事業者に対し、速やかに工事に着手し、又は工事を完了すべき旨その他転用事業計画どおり工事を行うべき旨を文書によって催告することが望ましい。

公告市町村は、右の催告を行った後も転用事業者が転用事業計画に従った工事に着手せず、又は工事を完了しないまま放置している場合、その他転用事業計画どおり工事を行っていない場合において、所有権移転等促進事業計画に係る土地の利用目的を変更することにより、当該転用事業を完了させる見込みがあるときは、当該利用目的を変更するものとする。この場合、公告市町村は、所有権移転等促進計画の当該変更を行おうとする部分につき法第七条に定める手続に準じて変更を行い、さらに法第八条第一項に定める手続に準じて公告するものとする。

なお、このような手続を経ずに所有権移転等促進計画に記載された土地の利用目的以外の目的に供する転用が行われた場合には、農地法第四条及び第五条違反として所要の措置が講じられることとなる。

（登記の特例）

第十条　第八条第一項の規定による公告があった所有権移転等促進計画に係る土地の登記については、政令で、不動産登記法（平成十六年法律第百二十三号）の特例を定めることができる。

本条は、法第八条第一項の規定による公告があった所有権移転等促進計画に係る土地の登記について不動産登記法（平成十六年法律第百二三号）の特例を定める趣旨であって、権利移転等の促進計画に係る不動産登記の特例に関する政令（平成六年政令第二五八号以下「登記令」という。）において具体的な特例措置が定められている。

一　本特例を設ける趣旨

所有権移転等促進計画に基づき所有権の移転等がなされる各土地についてみれば、一般の売買、賃貸借等と同様の効果を持つ権利移動が生ずるため、その登記については、不動産登記法第十六条に定められているとおり、当事者の申請により行うことが原則である。

しかしながら、当事者の契約その他の法律行為によって権利移動が生じた場合と異なり、第三者に対する対抗力を取得しようとする者のみの自由に任せるとすれば、所有権の移転等を行った者の協力が得られない間に第三者のための登記がなされる等により、対抗力を取得し得ない者が生じてしまうとともに、当該計画に多数の所有権の移転等が含まれる場合、当事者による個別の登記申請では手続が煩雑になるなど、農林地等の円滑な権利移動による農山漁村地域における地域間交流等の促進を図るための施設用地の確保という目的の達成に支障を来すおそれがある。

また、所有権移転等促進計画の作成及び公告という行政処分によって、一斉に当該計画の定めるところによって権利移動が生じることとする以上、できるだけ早期に対抗力を取得させ権利関係を安定させて、当該目的を達成させることが適当である。

したがって、当事者申請の例外として、第八条第一項の規定に基づき所有権移転等促進計画を公告した市町村が、登記所に対して登記を嘱託できるようにするための措置を講じることとしたものである。

二　市町村による登記の嘱託の性質

「登記の嘱託」とは、官公署が登記所に対して一定の内容の登記をなすべき旨を要求する行為をいう。私人による場合は「登記の申請」と呼ばれるのに対し、この場合は、行政庁間の関係として「登記の嘱託」と呼ばれている。

官公署が登記を嘱託する場合には、大別して二つのケースがあり、一つは、官公署自体が権利関係の当事者であるケースであり、もう一つは、官公署自体は権利関係の当事者ではないが、公権力の主体として当事者の権利関係に介入し、あるいは公共目的のために当事者に代わってその手続を行うケースである。本法による登記の嘱託は後者である。

三　登記の特例の具体的内容

㈠　市町村による登記の嘱託

①　法第九条の規定により所有権等の移転等が行われた場合、所有権等を取得した者からの請求があるときは、市町村は、その者のために所有権の移転等の登記を嘱託しなければならない（登記令第二条）。

②　①により登記を嘱託する場合には、不動産登記令（平成一六年政令第三七九号）第三条各号に掲げる事項のほか、嘱託する旨の記載をするとともに、第八条第一項の規定による公告があったことを証明する書面及び登記義務者の承諾書を添付しなければならない（登記令第三条）。

③　登記官は、登記完了時に登記権利者のために登記識別情報を嘱託者に通知するとともに、当該通知を受けた嘱託者は、遅滞なく、登記権利者に通知しなければならない（登記令第四条）。

㈡　代位による登記の嘱託

①　市町村は、所有権移転等促進計画に係る所有権の移転等についての登記を嘱託する場合、必要があれば、土地の表示の変更の登記等について、代位による登記の嘱託をすることができる（登記令第五条）。

② 登記官は、登記完了時に、㈠③と同様に、登記権利者のために登記識別情報を嘱託者に通知するとともに、当該通知を受けた嘱託者は、遅滞なく、登記権利者に通知しなければならない（登記令第六条）。

（市民農園整備促進法の特例）

第十一条　第五条第三項の規定により活性化計画にその実施する市民農園（市民農園整備促進法（平成二年法律第四十四号）第二条第二項に規定する市民農園をいう。）の整備に関する事業が記載された農林漁業団体等は、同法第七条第一項の認定の申請に係る事項が当該事業に係るものであるときは、同項及び同条第二項（これらの規定に基づく命令の規定を含む。）の規定にかかわらず、当該申請に係る記載事項の一部を省略する手続その他の農林水産省令・国土交通省令で定める簡略化された手続によることができる。

本条は、市民農園整備促進法（平成二年法律四四号。以下「市民農園法」という。）に基づく手続の特例を定める趣旨であって、農山漁村の活性化のための定住等及び地域間交流の促進に関する法律第十一条の規定に基づく市民農園整備促進法の特例に関する省令（平成一九年農林水産省・国土交通省令第一号）において具体的な特例措置が定められている。

一　本特例を設ける趣旨

市民農園については、都市の住民等農業者以外の者が農地を利用して農作業を行い、野菜や花き等の栽培を通じて、レクリエーション、高齢者の生きがいづくり等多様な目的に利用され、近年利用者数も増加してきており、農山漁村と都市との地域間交流を促進する重要なツールの一つとなっている。

このため、都道府県又は市町村が作成する活性化計画において、地域間交流を促進するための施設の整備に関する事業として、市民農園の整備に関する事業が記載されることが見込まれるところであり、農林漁業団体等が市民農園を整備する事業を行う場合についても、法第五条第三項の規定により、都道府県又は市町村が作成する活性化計画に位置付けられることが考えられる。

市民農園法第七条においては、市民農園の整備を適正かつ円滑に推進するため、市民農園を開設しようとする者が市町村の認定を受ける制度が設けられており、活性化計画に位置付けられた事業についても、市民農園を開設しようとする農林漁業団体等は、当該活性化計画の作成後において、同条に基づく認定の申請をすることとなる。

しかしながら、当該申請に係る市民農園の開設についての具体的な事業内容等は、活性化計画において既に記載されているところであり、また、同条の認定主体である市町村において活性化計画を作成した場合には、その作成過程において、市民農園を開設しようとする者から市民農園の位置を表示した地形図、施設の概要を示した平面図等の提出を受けていることが通例と考えられる。この場合、市民農園の開設の認定に当たって、認定申請者に改めて同様の記載事項又は添付書類を義務づけることは適当ではない。

このため、活性化計画にその実施する市民農園の整備に関する事業が記載された農林漁業団体等については、その負担軽減を図る観点から、市民農園法第七条第一項の認定の申請に係る事項が当該事業に係るものであるときは、同項及び同条第二項（これらの規定に基づく命令の規定を含む。）の規定にかかわらず、当該申請に係る記載事項の一部を省略するなど、簡略化された手続によることができるものとしている。

二　特例の具体的内容

㈠　省略可能となる記載事項

都道府県又は市町村が、活性化計画に市民農園の整備に関する事項を記載する場合に、市民農園法第七条第一項に基づく市民農園開設の認定の申請において、省略可能となる記載事項は次に掲げる事項とされている。

①　市民農園の用に供する農地の位置及び面積等（市民農園法第七条第二項第二号）

②　市民農園施設の位置及び規模その他の市民農園施設の整備に関する事項（市民農園法第七条第二項第三号）

③　市民農園の開設の時期（市民農園整備促進法施行規則（平成二年農林水産省・建設省令第一号）第十条第一号）

㈡　留意事項

㈠に掲げる記載事項の省略のほか、市町村が活性化計画の作成過程において、農林漁業団体等から市民農園整備促進法施行規則第九条第二項各号に掲げる図面を入手した場合、当該団体等が市民農園法第七条第一項の認定の申請に係る手続の際に、当該図面を提出したものとみなす手続簡略化を行うことが望ましい。

（国等の援助等）

第十二条　国及び地方公共団体は、活性化計画に基づく事業等を実施する者に対し、当該事業等の確実かつ効果的な実施に関し必要な助言、指導その他の援助を行うよう努めなければならない。

2　前項に定めるもののほか、農林水産大臣、関係行政機関の長、関係地方公共団体及び関係農林漁業団体等は、活性化計画の円滑な実施が促進されるよう、相互に連携を図りながら協力しなければならない。

本条は、活性化計画の実施に関する国等の援助等について規定している。

一　国等の援助

定住等及び地域間交流を促進することにより農山漁村の活性化を図ることは、国としての喫緊の課題であることから、地方公共団体により作成された活性化計画が確実かつ効果的に実施されることを、国として最大限援助する必要があるため、活性化計画に基づき事業等を実施する者に対し

①　施設整備に関する事業計画の基準・指針等の技術的情報の提供

②　都市住民の意向に関する情報等の収集・提供

等、必要な助言や指導などに努めることとしている。

また、国からの援助だけではなく、計画策定主体である地方公共団体による農林漁業団体等への助言や指導等の援助も重要となることから、地方公共団体の努力義務も併せて規定をしているものである。

二　関係者の連携

活性化計画は農山漁村の活性化を総合的に推進するものであることから、関係行政機関が多岐に渡るものであり、また、国の行政機関のみでなく、関係地方公共団体や関係農林漁業団体等を含めた関係者が密接に連携することが、活性化計画

の円滑な推進に必要不可欠であるため、そのことを確認的に規定しているものである。

（農地法等による処分についての配慮）

第十三条　国の行政機関の長又は都道府県知事は、活性化計画の区域内の土地を当該活性化計画に定める活性化施設の用に供するため、農地法その他の法律の規定による許可その他の処分を求められたときは、当該活性化施設の設置の促進が図られるよう適切な配慮をするものとする。

【農地法等の配慮】

本条は、活性化施設の整備に当たって必要な土地の法律に基づく許可その他の処分について、国及び地方公共団体の配慮義務を定めているものである。

活性化計画に基づき実施される事業により整備される農林水産物の加工・販売施設や農林漁業体験施設等の活性化施設を設置するためには、その用に供する用地の確保が必要となる。

しかし、農地又は採草牧草地を転用する際に、都道府県知事の許可を得なければならない農地法第四条の規定に代表されるように、各種の土地利用に関する制約が存在するため、施設の円滑な整備に支障をきたす可能性がある。

したがって、施設整備を行う際、当該整備の対象となる土地が各種の土地利用規制の対象となるものと想定されることから、本法において、活性化施設の整備が円滑に進むよう、法律の運用において適切な配慮をするものとされている。

なお、「その他の法律」としては、農振法が想定され、具体的には、本法第七条の所有権移転等促進計画に従って、施設用地として農地が転用される場合に、その農地が農用地区域内にあるときは、農業振興地域整備計画の変更が必要となるが（農振法第一三条）、当該変更を都道府県知事が同意する場合に本法の実施のために必要な措置であることに配慮することが望ましい。

（国有林野の活用等）

第十四条　国は、活性化計画の実施を促進するため、国有林野の活用について適切な配慮をするものとする。

2　活性化計画を作成した都道府県又は市町村は、当該活性化計画の達成のため必要があるときは、関係森林管理局長に対し、技術的援助その他の必要な協力を求めることができる。

本条は、国有林野の活用についての国の配慮及び活性化計画作成都道府県・市町村の関係森林管理局長に対する技術的援助等の協力依頼について規定している。

一　国有林野の活用

森林は我が国の国土面積のおよそ七割を占めており、特に農山漁村地域においては、森林が多くの面積を占めていることが考えられることから、今後の農山漁村の活性化を図る上においても、森林を有効かつ適切に活用することは重要な要素となるものと考えられる。例えば、都道府県又は市町村が活性化計画に基づき、農山漁村と都市との地域間交流を促進するための施設を国有林野内に設置すること等が想定されるところである。

このため、都道府県又は市町村が国有林野の活用について要望がある場合には、国は、国有林野事業との調整を図りつつ、国有林野の管理経営に関する法律（昭和二六年法律第二四六号）、国有林野の活用に関する法律（昭和四六年法律第百八号）等に基づき、国有林野の売払い、貸付け、使用許可等を図ること等の配慮をすることとされている。

本条第一項により国有林野の活用を希望する場合の手続は、次のとおりである。

①　国有林野の活用を希望する者は、その旨を当該国有林野を管轄する森林管理署長等を経由して森林管理局長（共有林契約の締結等のための国有林野の活用を希望する場合にあっては、森林管理署長等）に申し出る。

②　森林管理局長又は森林管理署長等は、国有林野の活用の申し出を受けたときは、適地選定基準に照らして、必要な現

地調査等を行う。この場合、地方公共団体から意見を聴取するとともに、随時関係地元住民の意向を聴く。

③　森林管理局長又は森林管理署長等は、国有林野の適否を決定したときは、その旨を国有林野の活用を申し出た者に通知する。活用の希望の申出をした者が活用を決定した旨の通知を受けたときは、国有林野の貸付若しくは使用、一ヘクタール以下の国有林野の売払い又は共有林野契約の締結の方法による場合にあっては森林管理署長等に、国有林野の交換、一ヘクタールを超える国有林野の売払い、譲与又は分収造林契約の締結の方法による場合にあっては森林管理局長に、それぞれ活用の手続をとる。

二　森林管理局の協力

また、都道府県又は市町村が活性化計画を作成、推進していく際に、同計画の内容には、「農山漁村における定住等の促進に資する農林漁業の振興を図るための生産基盤及び施設の整備に関する事業」に関する事項等があり、森林、林業等に関する専門技術が必要不可欠な場合もあり得ることから、森林、林業等に関する十分な知識と技術のある森林管理局に対し、技術的援助等の必要な協力を依頼できることとすることにより（第二項）、活性化計画の達成に資することとされている。

（事務の区分）
第十五条　第七条第四項の規定により都道府県が処理することとされている事務は、地方自治法第二条第九項第一号に規定する第一号法定受託事務とする。

本条は、本法に規定されている地方公共団体の行う事務の区分について規定している。

一　法定受託事務

農地に係る所有権の移転等の内容が農地法第五条第一項本文に規定する場合（転用のための権利移動）には、本来、同項に基づく都道府県知事の許可が必要であるが、市町村が作成する所有権移転等促進計画に当該所有権の移転等が含まれる場合には、計画の作成主体が公的機関であり、農業政策上適切な判断が一応行われていると推定されることから、あらかじめ都道府県知事の承認を受けることで足りることとしている（第七条第四項）。

この所有権移転等促進計画に係る都道府県知事の承認事務については、特定農山村地域における農林業等の活性化のための基盤整備の促進に関する法律（平成五年法律第七十二号）における所有権移転等促進計画に係る都道府県知事の承認（同法第八条第四項）と同様、国が本来果たすべき役割に係る事務で国においてその適正な処理を特に確保する必要があるものと考えられることから、第一号法定受託事務として規定されている。

二　一に掲げる事務以外の事務は、自治事務である。

附　則

（施行期日）

第一条　この法律は、公布の日から起算して三月を超えない範囲内において政令で定める日から施行する。

【施行期日】

本条は、この法律の施行期日を法律の公布の日から起算して三月を超えない範囲内において政令で定める日としたものである。

農山漁村の活性化のための定住等及び地域間交流の促進に関する法律の施行期日を定める政令（平成一九年政令第二二四号）により、本法律の施行期日は平成十九年八月一日とされた。

（検討）
第二条　政府は、この法律の施行後七年以内に、この法律の施行の状況について検討を加え、その結果に基づいて必要な措置を講ずるものとする。

【検討】

本条は、政府が将来において、農山漁村の活性化に必要な方途について検討し、必要に応じ所要の措置を講ずべきことを規定している。この「必要な措置」には、財政措置、金融措置、税制措置その他の行政上の措置が広く含まれると解される。

見直し規定については、必ず規定すべきものではないが、本法は、農山漁村における定住等及び農山漁村と都市との地域間交流を促進するための措置を講ずることにより、農山漁村の活性化を図るという明確な目的をもち、その実現のために特別な措置を講じる作用法であることから、その法目的の達成度合いや改善すべき点等について検証する必要があり、一定期間後の見直し規定を附則で定めることとしたものである。

なお、その期間については、他法の例では、その法律の内容、目的等に応じ、三年から十年まで幅があるところであるが、本法においては、活性化計画の実施による効果の実現には、一定期間を要し、特に交付金事業については一～五年程度の実施期間が予定され、事業終了後に事業主体である地方公共団体が事後的に自己評価を行うこととしており、この評価結果を踏まえて見直しの検討を行うことが適当であるため、七年以内としている。

第三条・第四条　〔略〕

（農地法の一部改正）
第五条　農地法の一部を次のように改正する。
第三条第一項第四号の五の次に次の一号を加える。
四の六　農山漁村の活性化のための定住等及び地域間交流の促進に関する法律（平成十九年法律第四十八号）第八条第一項の規定による公告があつた所有権移転等促進計画の定めるところによつて同法第五条第七項の権利が設定され、又は移転される場合
第四条第一項第三号の三の次に次の一号を加える。
三の四　農山漁村の活性化のための定住等及び地域間交流の促進に関する法律第八条第一項の規定による公告があつた所有権移転等促進計画の定めるところによつて設定され、又は移転された同法第五条第七項の権利に係る農地を当該所有権移転等促進計画に定める利用目的に供する場合
第五条第一項第一号の三の次に次の一号を加える。
一の四　農地又は採草放牧地を農山漁村の活性化のための定住等及び地域間交流の促進に関する法律第八条第一項の規定による公告があつた所有権移転等促進計画に定める利用目的に供するため当該所有権移転等促進計画の定めるところによつて同法第五条第七項の権利が設定され、又は移転される場合

【農地法の一部改正】
本条は、農地法の一部を改正する規定である。
一　農林地所有権移転等促進事業の実施による所有権の移転等については、次のとおり農地法の特例が設けられている。
(一)　農林地所有権移転等促進事業の実施によって農用地についての所有権の移転等が行われる場合（転用のための所有権の

移転等が行われる場合を除く。）には、農地法第三条第一項の許可を受けることを要しない（同法第三条第一項登四号の六）。

(二)　農林地所有権移転等促進事業の実施によって農用地について転用のための所有権の移転等が行われる場合には、農地法第五条第一項の許可を受けることを要しないとともに（同法第五条第一項第一号の四）、農林地所有権移転等促進事業の実施によって転用のため設定され、又は移転された権利に係る農地を所有権移転等促進計画に定める利用目的に供するときは、農地法第四条第一項の許可を要しない（同法第四条第一項第三号の四）。

二　(一)及び(二)の特例が設けられている理由は、それぞれ次のとおりである。

(一)については、①農林地所有権移転等促進事業の実施による所有権の移転等は、農地法第三条第一項の許可権者の一つである都道府県知事の同意を受けて定められた活性化計画の「農林地所有権移転等促進事業の実施に関する基本方針」に基づくものであること。②所有権移転等促進計画は、農地法第三条第一項の原則的許可権者である農業委員会の決定を経て定められるものであること、③所有権移転等促進計画は、所有権の移転等を受ける者が農地法第三条第二項第五号の規定により同条第一項の許可をすることができない者に該当しないことを要件として定められるものであること等の理由による。

(二)については、右の理由のほか、①所有権移転等促進計画に農用地について転用のための所有権の移転等が含まれる場合には、農地法第五条第一項の原則的許可権者である都道府県知事の承認を受けなければならないとされているとともに、同条第二項と同様、都道府県農業会議の意見を聴かなければならないとされていること、②所有権の移転等を受ける者から開発事業計画を提出させ、農地転用許可基準との整合性を確保していること等の理由による。

三　なお、右記以外には農地法の特例が設けられておらず、農林地所有権移転等促進事業の実施によって農用地について所有権の移転等が行われる場合には農地法第六条第一項（所有できない小作地）の規定が適用されるものであり、また農林地所有権移転等促進事業の実施によって農用地について設定された賃借権の期間が満了する場合には、農地法第一九条（農地又は採草放牧地の賃借権の更新）の規定が適用され、賃借権の解除をし、解約申し入れをし、合意による解約をし、又は賃借権の更新をしない旨の通知をしようとする場合には農地法第二〇条第一項（農地又は採草放牧地の賃貸借の解約等の制限）の規定が適用されるものであることに留意する必要がある。

（農業振興地域の整備に関する法律の一部改正）
第六条　農業振興地域の整備に関する法律（昭和四十四年法律第五十八号）の一部を次のように改正する。
第十五条の二第一項第三号の三の次に次の一号を加える。
三の四　農山漁村の活性化のための定住等及び地域間交流の促進に関する法律（平成十九年法律第四十八号）第八条第一項の規定による公告があつた所有権移転等促進計画の定めるところによつて設定され、又は移転された同法第五条第七項の権利に係る土地を当該所有権移転等促進計画に定める利用目的に供するために行う行為

【農業振興地域の整備に関する法律の一部改正】
本条は、農業振興地域の整備に関する法律の一部を改正する規定である。
農林地所有権移転等促進事業の実施によって農用地区域内の土地について開発行為をするために所有権の移転等が行われた場合において、当該土地を所有権移転等促進計画に定める利用目的に供するときは、農業振興地域の整備に関する法律第十五条の十五第一項の許可を要しないとの特例が設けられている（同法第一五条の二第一項第三号の四）。
このような特例が設けられている理由は、
㈠　農林地所有権移転等促進事業の実施による所有権の移転等は、同法第十五条の十五の許可権者である都道府県知事の同意を受けて定められた活性化計画の「農林地所有権移転等促進事業の実施に関する基本方針」に基づくものであること
㈡　所有権移転等促進計画は、当該計画に定められている土地の利用目的が農業振興地域整備計画に適合することを要件として定められるものであること
等である。

関係法令編

○農山漁村の活性化のための定住等及び地域間交流の促進に関する法律

〔平成十九年五月十六日／法律第四十八号〕

農山漁村の活性化のための定住等及び地域間交流の促進に関する法律をここに公布する。

農山漁村の活性化のための定住等及び地域間交流の促進に関する法律

（目的）

第一条 この法律は、人口の減少、高齢化の進展等により農山漁村の活力が低下していることにかんがみ、農山漁村における定住等及び農山漁村と都市との地域間交流を促進するための措置を講ずることにより、農山漁村の活性化を図ることを目的とする。

（定義）

第二条 この法律において「定住等」とは、農山漁村における定住及び都市の住民がその住所のほか農山漁村に居所を有することをいう。

2 この法律において「地域間交流」とは、都市の住民の農林漁業の体験その他の農山漁村と都市との地域間交流をいう。

3 この法律において「農林地等」とは、次に掲げる土地をいう。

一 耕作の目的又は主として耕作若しくは養畜の事業のための採草若しくは家畜の放牧の目的に供される土地（以下「農用地」という。）

二 木竹の集団的な生育に供される土地（主として農用地又は住宅地若しくはこれに準ずる土地として使用される土地を除く。以下「林地」という。）

三 第五条第七項に規定する活性化施設の用に供される土地及び開発して同項に規定する活性化施設の用に供されることが適当な土地（前二号に掲げる土地を除く。）

四 前三号に掲げる土地のほか、これらの土地との一体的な利用に供されることが適当な土地

（地域）

第三条 この法律による措置は、次に掲げる要件に該当する地域について講じられるものとする。

一 農用地及び林地（以下「農林地」という。）が当該地域内の土地の相当部分を占めていることその他当該地域の土地利用の状況、農林漁業従事者数等からみて、農林漁業が重要な事業である地域であること。

二 当該地域において定住等及び地域間交流を促進することが、

当該地域を含む農山漁村の活性化にとって有効かつ適切であると認められること。
三　既に市街地を形成している区域以外の地域であること。

（基本方針）
第四条　農林水産大臣は、定住等及び地域間交流の促進による農山漁村の活性化に関する基本的な方針（以下「基本方針」という。）を定めなければならない。
2　基本方針においては、次に掲げる事項を定めるものとする。
一　定住等及び地域間交流の促進の意義及び目標に関する事項
二　定住等及び地域間交流の促進のための措置を講ずべき地域の設定に関する基本的事項
三　定住等及び地域間交流の促進のための施策に関する基本的事項
四　次条第一項に規定する活性化計画の作成に関する基本的事項
五　前各号に掲げるもののほか、定住等及び地域間交流の促進に関する重要事項
3　農林水産大臣は、基本方針を定めようとするときは、国土交通大臣その他関係行政機関の長に協議しなければならない。
4　農林水産大臣は、基本方針を定めたときは、遅滞なく、これを公表しなければならない。
5　前二項の規定は、基本方針の変更について準用する。

（活性化計画の作成等）
第五条　都道府県又は市町村は、単独で又は共同して、基本方針に基づき、当該都道府県又は市町村の区域内の地域であって第三条各号に掲げる要件に該当すると認められるものについて、定住等及び地域間交流の促進による農山漁村の活性化に関する計画（以下「活性化計画」という。）を作成することができる。
2　活性化計画には、次に掲げる事項を記載するものとする。
一　活性化計画の区域
二　活性化計画の目標
三　前号の目標を達成するために必要な次に掲げる事業に関する事項
イ　定住等の促進に資する農林漁業の振興を図るための生産基盤及び施設の整備に関する事業
ロ　定住等を促進するための集落における排水処理施設その他の生活環境施設の整備に関する事業
ハ　農林漁業の体験のための施設その他の地域間交流の拠点となる施設の整備に関する事業
ニ　その他農林水産省令で定める事業
四　前号の事業と一体となってその効果を増大させるために必要な事業又は事務に関する事項
五　前二号に掲げる事項に係る他の地方公共団体との連携に関す

る事項
六　計画期間
七　その他農林水産省令で定める事項
3　前項第三号及び第四号に掲げる事項には、当該活性化計画を作成する都道府県又は市町村が実施する事業又は事務（以下「事業等」という。）に係るものを記載するほか、必要に応じ、定住等及び地域間交流の促進に寄与する事業等を実施しようとする農林漁業者の組織する団体若しくは特定非営利活動促進法（平成十年法律第七号）第二条第二項に規定する特定非営利活動法人又はこれらに準ずる者として農林水産省令で定めるもの（都道府県が作成する活性化計画にあっては、当該都道府県と共同して活性化計画を作成する市町村以外の市町村を含む。以下「農林漁業団体等」という。）が実施する事業等（活性化計画を作成する都道府県又は市町村が当該事業等に要する費用の一部を負担してその推進を図るものに限る。）に係るものを記載することができる。
4　前項の規定により活性化計画に農林漁業団体等が実施する事業等に係る事項を記載しようとする都道府県又は市町村は、当該事項について、あらかじめ、当該農林漁業団体等の同意を得なければならない。
5　定住等及び地域間交流の促進に寄与する事業等を実施しようとする農林漁業団体等は、当該事業等を実施しようとする地域をその区域に含む都道府県又は市町村に対し、当該事業等をその内容に含む活性化計画の案の作成についての提案をすることができる。
6　前項の都道府県又は市町村は、同項の提案を踏まえた活性化計画の案を作成する必要がないと判断したときは、その旨及びその理由を、当該提案をした農林漁業団体等に通知しなければならない。
7　活性化計画には、第二項各号に掲げる事項のほか、当該活性化計画を作成する市町村が行う農林地所有権移転等促進事業（同項第三号に掲げる事業により整備される施設（以下「活性化施設」という。）の整備を図るため行う農林地等についての所有権の移転又は地上権、賃借権若しくは使用貸借による権利の設定若しくは移転（以下「所有権の移転等」という。）及びこれと併せ行う当該所有権の移転等を円滑に推進するために必要な農林地についての所有権の移転等を促進する事業をいう。以下同じ。）に関する次に掲げる事項を記載することができる。
一　農林地所有権移転等促進事業の実施に関する基本方針
二　移転される所有権の移転の対価の算定基準及び支払の方法
三　設定され、又は移転される地上権、賃借権又は使用貸借による権利の存続期間又は残存期間に関する基準並びに当該設定され、又は移転を受ける権利が地上権又は賃借権である場合にお

ける地代又は借賃の算定基準及び支払の方法

四　その他農林水産省令で定める事項

8　前項の規定により活性化計画に農林地所有権移転等促進事業に関する事項を記載しようとする市町村（都道府県と共同して当該活性化計画を作成する市町村を除く。）は、当該事項について、あらかじめ、都道府県知事に協議し、その同意を得なければならない。

9　活性化計画は、過疎地域自立促進計画、山村振興計画、農業振興地域整備計画その他法律の規定による地域振興に関する計画、地域森林計画その他法律の規定による森林の整備に関する計画並びに都市計画及び都市計画法（昭和四十三年法律第百号）第十八条の二の市町村の都市計画に関する基本的な方針との調和が保たれ、かつ、地方自治法（昭和二十二年法律第六十七号）第二条第四項の基本構想に即したものでなければならない。

10　都道府県又は市町村は、活性化計画を作成したときは、遅滞なく、これを公表するとともに、都道府県にあっては関係市町村（都道府県と共同して当該活性化計画を作成した市町村を除く。）に、市町村（都道府県と共同して当該活性化計画を作成した市町村を除く。）にあっては都道府県に、当該活性化計画の写しを送付しなければならない。

11　第四項から第六項まで、第八項及び前項の規定は、活性化計画の変更について準用する。

（交付金の交付等）

第六条　活性化計画を作成した都道府県又は市町村は、次項の交付金を充てて当該活性化計画に基づく事業等の実施（農林漁業団体等が実施する事業等に要する費用の一部の負担を含む。同項において同じ。）をしようとするときは、当該活性化計画を農林水産大臣に提出しなければならない。

2　国は、前項の都道府県又は市町村に対し、同項の規定により提出された活性化計画に基づく事業等の実施に要する経費に充てるため、農林水産省令で定めるところにより、予算の範囲内で、交付金を交付することができる。

3　前項の交付金を充てて行う事業に要する費用については、土地改良法（昭和二十四年法律第百九十五号）その他の法令の規定に基づく国の負担又は補助は、当該規定にかかわらず、行わないものとする。

4　前三項に定めるもののほか、第二項の交付金の交付に関し必要な事項は、農林水産省令で定める。

（所有権移転等促進計画の作成等）

第七条　第五条第七項各号に掲げる事項が記載された活性化計画を作成した市町村は、農林地所有権移転等促進事業を行おうとするときは、農林水産省令で定めるところにより、農業委員会の決定を経て、所有権移転等促進計画を定めるものとする。

2　所有権移転等促進計画においては、次に掲げる事項を定めるものとする。

一　所有権の移転等を受ける者の氏名又は名称及び住所

二　前号に規定する者が所有権の移転等を受ける土地の所在、地番、地目及び面積

三　第一号に規定する者に前号に規定する土地について所有権の移転等を行う者の氏名又は名称及び住所

四　第一号に規定する者が移転を受ける所有権の移転の後における土地の利用目的並びに当該所有権の移転の時期並びに移転の対価及びその支払の方法

五　第一号に規定する者が設定又は移転を受ける地上権、賃借権又は使用貸借による権利の種類、内容（土地の利用目的を含む。）、始期又は移転の時期、存続期間又は残存期間並びに当該設定又は移転を受ける権利が地上権又は賃借権である場合にあっては地代又は借賃及びその支払の方法

六　その他農林水産省令で定める事項

3　所有権移転等促進計画は、次に掲げる要件に該当するものでなければならない。

一　所有権移転等促進計画の内容が活性化計画に適合するものであること。

二　前項第二号に規定する土地ごとに、同項第一号に規定する者並びに当該土地について所有権、地上権、永小作権、質権、賃借権、使用貸借による権利又はその他の使用及び収益を目的とする権利を有する者のすべての同意が得られていること。

三　前項第四号又は第五号に規定する土地の利用目的が、当該土地に係る農業振興地域整備計画、都市計画その他の土地利用に関する計画に適合すると認められ、かつ、当該土地の位置及び規模並びに周辺の土地利用の状況からみて、当該土地を当該利用目的に供することが適当であると認められること。

四　所有権移転等促進計画の内容が、活性化計画の区域内にある土地の農林業上の利用と他の利用との調整に留意して活性化施設の用に供する土地を確保するとともに、当該土地の周辺の地域における農用地の集団化その他農業構造の改善に資するように定められていること。

五　前項第二号に規定する土地ごとに、次に掲げる要件に該当するものであること。

イ　当該土地が農用地であり、かつ、当該土地に係る前項第四号又は第五号に規定する土地の利用目的が農用地の用に供するためのものである場合にあっては、農地法（昭和二十七年法律第二百二十九号）第三条第二項の規定により同条第一項の許可をすることができない場合に該当しないこと。

ロ　当該土地が農用地であり、かつ、当該土地に係る所有権の移転等の内容が農地法第五条第一項本文に規定する場合に該当する場合にあっては、同条第二項の規定により同条第一項の許可をすることができない場合に該当しないこと。

ハ　当該土地が農用地以外の土地である場合にあっては、前項第一号に規定する者が、所有権の移転等が行われた後において、当該土地を同項第四号又は第五号に規定する土地の利用目的に即して適正かつ確実に利用することができると認められること。

4　市町村は、第一項の規定により所有権移転等促進計画を定めようとする場合において、第二項第二号に規定する土地の全部又は一部が農用地（当該農用地に係る所有権の移転等の内容が農地法第五条第一項本文に規定する場合に該当するものに限る。）であるときは、当該所有権移転等促進計画について、農林水産省令で定めるところにより、あらかじめ、都道府県知事の承認を受けなければならない。

5　都道府県知事は、前項の規定により所有権移転等促進計画について承認をしようとするときは、あらかじめ、都道府県農業会議の意見を聴かなければならない。

（所有権移転等促進計画の公告）

第八条　市町村は、所有権移転等促進計画を定めたときは、農林水産省令で定めるところにより、遅滞なく、その旨を公告しなければならない。

2　市町村は、前項の規定による公告をしようとするときは、農林水産省令で定めるところにより、あらかじめ、その旨を都道府県知事に通知しなければならない。ただし、前条第四項の承認を受けた所有権移転等促進計画について前項の規定による公告を行う場合については、この限りでない。

（公告の効果）

第九条　前条第一項の規定による公告があったときは、その公告があった所有権移転等促進計画の定めるところによって所有権が移転し、又は地上権、賃借権若しくは使用貸借による権利が設定され、若しくは移転する。

（登記の特例）

第十条　第八条第一項の規定による公告があった所有権移転等促進計画に係る土地の登記については、政令で、不動産登記法（平成十六年法律第百二十三号）の特例を定めることができる。

（市民農園整備促進法の特例）

第十一条　第五条第三項の規定により活性化計画にその実施する市民農園（市民農園整備促進法（平成二年法律第四十四号）第二条第二項に規定する市民農園をいう。）の整備に関する事業が記載された農林漁業団体等は、同法第七条第一項の認定の申請に係る事項が当該事業に係るものであるときは、同項及び同条第二項（これらの規定に基づく命令の規定を含む。）の規定にかかわらず、当該申請に係る記載事項の一部を省略する手続その他の農林水産省令・国土交通省令で定める簡略化された手続によることができる。

（国等の援助等）

第十二条　国及び地方公共団体は、活性化計画に基づく事業等を実施する者に対し、当該事業等の確実かつ効果的な実施に関し必要な助言、指導その他の援助を行うよう努めなければならない。

2　前項に定めるもののほか、農林水産大臣、関係行政機関の長、関係地方公共団体及び関係農林漁業団体等は、活性化計画の円滑な実施が促進されるよう、相互に連携を図りながら協力しなければならない。

（農地法等による処分についての配慮）

第十三条　国の行政機関の長又は都道府県知事は、活性化計画の区域内の土地を当該活性化計画に定める活性化施設の用に供するため、農地法その他の法律の規定による許可その他の処分を求められたときは、当該活性化施設の設置の促進が図られるよう適切な配慮をするものとする。

（国有林野の活用等）

第十四条　国は、活性化計画の実施を促進するため、国有林野の活用について適切な配慮をするものとする。

2　活性化計画を作成した都道府県又は市町村は、当該活性化計画の達成のため必要があるときは、関係森林管理局長に対し、技術的援助その他の必要な協力を求めることができる。

（事務の区分）

第十五条　第七条第四項の規定により都道府県が処理することとされている事務は、地方自治法第二条第九項第一号に規定する第一号法定受託事務とする。

附　則（抄）

（施行期日）

第一条　この法律は、公布の日から起算して三月を超えない範囲内において政令で定める日〔平成十九年政令二一四号により平成十九年八月一日から施行〕から施行する。

（検討）

第二条　政府は、この法律の施行後七年以内に、この法律の施行の状況について検討を加え、その結果に基づいて必要な措置を講ずるものとする。

○農山漁村の活性化のための定住等及び地域間交流の促進に関する法律施行規則

〔平成十九年七月三十日農林水産省令第六十五号〕

農山漁村の活性化のための定住等及び地域間交流の促進に関する法律（平成十九年法律第四十八号）第五条第二項第三号ニ及び第七号、第三項並びに第七項第四号、第六条第二項及び第四項、第七条第一項、第二項第六号及び第四項並びに第八条第一項及び第二項の規定に基づき、農山漁村の活性化のための定住等及び地域間交流の促進に関する法律施行規則を次のように定める。

農山漁村の活性化のための定住等及び地域間交流の促進に関する法律施行規則

（活性化計画の目標を達成するために必要な事業）

第一条　農山漁村の活性化のための定住等及び地域間交流の促進に関する法律（以下「法」という。）第五条第二項第三号ニの農林水産省令で定める事業は、農林漁業及び食品産業その他の農林水産省の所掌に係る事業における資源の有効な利用を確保するための施設の整備に関する事業その他農林水産大臣の定める事業とする。

（活性化計画の記載事項）

第二条　法第五条第二項第七号の農林水産省令で定める事項は、次に掲げる事項とする。

一　活性化計画の名称

二　活性化計画の区域の面積

三　法第五条第二項第三号イからニまでに掲げる事業に関連して実施される事業に関する事項

四　法第五条第三項の規定により活性化計画に農林漁業団体等（同項に規定する農林漁業団体等をいう。）が実施する市民農園（市民農園整備促進法（平成二年法律第四十四号）第二条第二項に規定する市民農園をいう。以下この号において同じ。）の整備に関する事業を記載する場合にあっては、次に掲げる事項

イ　市民農園の用に供する土地の所在、地番及び面積

ロ　市民農園の用に供する農地の位置及び面積並びに市民農園整備促進法第二条第二項第一号に掲げる農地のいずれに属するかの別

ハ　市民農園施設（市民農園整備促進法第二条第二項第二号に規定する市民農園施設をいう。以下ハにおいて同じ。）の位

置及び規模その他の市民農園施設の整備に関する事項
ニ　市民農園の開設の時期
五　活性化計画の目標の達成状況についての評価に関する事項
六　その他農林水産大臣が必要と認める事項
（農林漁業者の組織する団体又は特定非営利活動法人に準ずる者）
第三条　法第五条第三項の農林水産省令で定める者は、次に掲げる者とする。
一　民法（明治二十九年法律第八十九号）第三十四条の規定により設立された法人
二　都道府県又は市町村が資本金の二分の一以上を出資している株式会社であって、定住等及び地域間交流の促進に寄与する事業を実施するもの
三　営利を目的としない法人格を有しない社団であって、代表者の定めがあり、かつ、農山漁村の活性化を図るための活動を行うことを目的とするもの
四　前三号に掲げるもののほか、定住等及び地域間交流を促進する観点から必要と認められる事業又は事務を実施する者として、都道府県知事又は市町村長が指定したもの
（農林地所有権移転等促進事業に関して活性化計画に記載すべき事項）
第四条　法第五条第七項第四号の農林水産省令で定める事項は、農林地所有権移転等促進事業の実施により設定され、又は移転される農用地に係る賃借権又は使用貸借による権利の条件その他農用地についての所有権の移転等（同項に規定する所有権の移転等をいう。以下同じ。）に係る法律関係に関する事項（同項第二号及び第三号に掲げる事項を除く。）とする。
（農林水産大臣に提出する活性化計画の添付書類）
第五条　都道府県又は市町村は、法第六条第一項の規定により農林水産大臣に活性化計画を提出する場合においては、当該活性化計画に次に掲げる書類を添付しなければならない。
一　活性化計画の区域内の土地の現況を明らかにした図面
二　次条第一項の規定により法第六条第二項の交付金の額の限度を算出するために必要な資料
（交付金の交付の方法等）
第六条　法第六条第二項の交付金は、活性化計画を提出した都道府県又は市町村ごとに交付するものとし、その額は、農林水産大臣の定めるところにより算出された額を限度とする。
2　法第五条第二項第三号イに掲げる事業（国又は都道府県が実施するものを除く。）のうち、農業用用排水施設、農業用道路その他農用地の保全又は利用上必要な施設の新設、管理、廃止若しくは変更、区画整理、農用地の造成、交換分合、客土又は暗きょ排水については、土地改良法（昭和二十四年法律第百九十五号）第

二条第二項に規定する土地改良事業として行われる場合に限り、法第六条第二項の交付金の交付の対象となるものとする。

3　前条及び前二項に定めるもののほか、交付金の交付の対象となる事業又は事務、交付金の交付の手続、交付金の経理その他の必要な事項については、農林水産大臣の定めるところによる。

（所有権移転等促進計画についての農業委員会の決定）

第七条　農業委員会は、法第七条第一項の規定により所有権移転等促進計画について決定をしようとするときは、農用地の権利移動が適切に行われることを旨として、当該決定に要する期間その他活性化計画の円滑な達成を図るために必要な事項につき適切な配慮をするものとする。

（所有権移転等促進計画に定めるべき事項）

第八条　法第七条第二項第六号の農林水産省令で定める事項は、次に掲げる事項とする。

一　法第七条第二項第一号に規定する者が設定又は移転を受ける農用地に係る賃借権又は使用貸借による権利の条件その他農用地についての所有権の移転等に係る法律関係に関する事項（同項第四号及び第五号に掲げる事項を除く。）

二　法第七条第二項第一号に規定する者が所有権の移転等を受ける土地の全部又は一部が農用地であり、かつ、当該所有権の移転等の後における土地の利用目的が農用地の用に供するためのものである場合にあっては、次に掲げる事項

イ　法第七条第二項第一号に規定する者の農業経営の状況

ロ　権利を設定し、又は移転しようとする土地が農地法（昭和二十七年法律第二百二十九号）第三条第二項第六号の土地であるときは、その旨

ハ　その他参考となるべき事項

（所有権移転等促進計画の承認手続）

第九条　市町村は、法第七条第四項の規定により所有権移転等促進計画について承認を受けようとするときは、その申請書に当該所有権移転等促進計画及び次に掲げる書類を添付して、これを都道府県知事に提出しなければならない。

一　次に掲げる事項を記載した書面

イ　土地の利用状況及び普通収穫高

ロ　所有権の移転等の当事者がその土地の転用に伴い支払うべき給付の種類、内容及び相手方

ハ　土地の転用の時期及び転用の目的に係る施設の概要

ニ　土地を転用することによって生ずる付近の農用地、作物、家畜等の被害の防除施設の概要

二　土地の位置を示す地図

三　その申請に係る土地に設置しようとする建物その他の施設及びこれらの施設を利用するために必要な道路、用排水施設その

他の施設の位置を明らかにした図面

四　その申請に係る農用地が土地改良区の地区内にある場合にあっては、当該土地改良区の意見書（当該土地改良区に対して意見を求めた日から三十日を経過してもなおその意見を得られない場合にあっては、その事由を記載した書面）

五　その他参考となるべき事項を記載した書類

2　都道府県知事は、法第七条第四項の規定による承認をしようとするときは、農用地の転用のための権利移動が適切に行われることを旨として、当該承認に要する期間その他活性化計画の円滑な達成を図るために必要な事項につき適切な配慮をするものとする。

（所有権移転等促進計画の公告）

第十条　法第八条第一項の規定による公告は、次に掲げる事項を市町村の公報に掲載することその他所定の手段により行うものとする。

一　所有権移転等促進計画を定めた旨及び当該所有権移転等促進計画（第八条第二号に掲げる事項を除く。）

二　所有権移転等促進計画について法第七条第四項の規定により都道府県知事の承認を受けている場合にあっては、その旨

（所有権移転等促進計画の公告の通知）

第十一条　法第八条第二項の規定による通知は、その通知書に同条第一項の規定による公告をしようとする所有権移転等促進計画及び当該公告の予定年月日を記載した書面を添付してするものとする。

附　則

この省令は、法の施行の日（平成十九年八月一日）から施行する。

○農山漁村の活性化のための定住等及び地域間交流の促進に関する法律第十一条の規定に基づく市民農園整備促進法の特例に関する省令

〔平成十九年七月三十日 農林水産省 国土交通省令第一号〕

農山漁村の活性化のための定住等及び地域間交流の促進に関する法律（平成十九年法律第四十八号）第十一条の規定に基づき、農山漁村の活性化のための定住等及び地域間交流の促進に関する法律第十一条の規定に基づく市民農園整備促進法の特例に関する省令を次のように定める。

農山漁村の活性化のための定住等及び地域間交流の促進に関する法律第十一条の規定に基づく市民農園整備促進法の特例に関する省令

農山漁村の活性化のための定住等及び地域間交流の促進に関する法律（以下「法」という。）第十一条の農林水産省令・国土交通省令で定める簡略化された手続は、市民農園整備促進法（平成二年法律第四十四号）第七条第一項の認定の申請に際し、次に掲げる事項の記載を省略する手続とする。

一　市民農園整備促進法第七条第二項第二号及び第三号に掲げる事項

二　市民農園整備促進法施行規則（平成二年農林水産省建設省令第一号）第十条第一号に掲げる事項

附　則

この省令は、法の施行の日（平成十九年八月一日）から施行する。

○定住等及び地域間交流の促進による農山漁村の活性化に関する基本的な方針の公表について

〔平成十九年八月二日 公表〕

農山漁村の活性化のための定住等及び地域間交流の促進に関する法律（平成十九年法律第四十八号）第四条第一項の規定に基づき、定住等及び地域間交流の促進による農山漁村の活性化に関する基本的な方針を次のように定めたので、同条第四項の規定に基づき、公表する。

定住等及び地域間交流の促進による農山漁村の活性化に関する基本的な方針

本方針は、農山漁村の活性化のための定住等及び地域間交流の促進に関する法律（平成十九年法律第四十八号。以下「法」という。）第四条第一項の規定に基づき、国、地方公共団体、農林漁業団体等の関係者が互いに連携しつつ、農山漁村の活性化のための施策を総合的に推進していくための基本的な方針として定めるものである。

第一　定住等及び地域間交流の促進の意義及び目標に関する事項

一　定住等及び地域間交流の促進の意義

農山漁村については、高齢化や人口の減少が都市部以上に急速に進行し、また、農業所得を始め地域住民の所得が減少傾向にあるなど、厳しい状況に置かれている。さらに、生活環境の整備状況は、都市部に比べて依然として低い水準にあり、農山漁村における活力の低下が続いているのが現状である。

一方、農山漁村は、心豊かな暮らしと自然、文化、歴史を大切にする良き伝統を代々伝えてきており、国民の価値観が多様化する中で、農山漁村に対する都市住民の関心が高まっている。

このような中で、多様なライフスタイルを実現するための手段の一つとして、農山漁村の同一地域において中長期的、定期的かつ反復的に滞在すること等により、当該地域社会と一定の関係を持ちつつ、都市における住居とは別個の生活拠点を持つ生活、いわゆる二地域居住を実践する者等、新しい形態で農山漁村とかかわりを持つ都市住民も増え始めている。

こうしたことを踏まえれば、農山漁村における定住、二地域居住及び地域間交流を促進することは、農山漁村に新たな活力をもたらすのみならず、国民全体が農山漁村の魅力を享受することにつながるものであり、農山漁村の活性化を図る上で大きな意義を持つものである。

二　定住等及び地域間交流の促進の目標

定住等及び地域間交流を促進することにより、地域を活性化するため、豊かな自然、美しい景観、ゆとりある居住空間、住民同士の親密な結び付きといった、農山漁村の有する魅力を高めることにより、国民が多様なライフスタイルを実現することが可能となるような農山漁村づくりを目指すものとする。

また、農山漁村が、農林漁業従事者を含めた地域住民の生活の場において農林漁業が営まれることによって形作られてきたものであることを踏まえ、農山漁村の活性化を図るに当たって、農林漁業が健全に展開され、これを核として地域の発展が図られることを目指すものとする。

その際、地域の関係者の合意の下で、創意工夫をして、地域全体で自主的かつ自律的な取組を行うことを基本としつつ、必要に応じ、地域住民だけでなく、価値観を共有する都市住民、NPO法人等の参画を得ていくことが重要である。

第二　定住等及び地域間交流の促進のための措置を講ずべき地域の設定に関する基本的事項

定住等及び地域間交流の促進のための措置を講ずべき地域については、以下に掲げる点に留意して設定するものとする。

一　法第三条第一号に掲げる要件については、国勢調査、農林業センサス、漁業センサス等の公的な統計データに基づき、当該地域における農林漁業に関連する客観的な指標を用いて、当該地域において農林漁業が重要な役割を担っているかをもって判断すること。具体的な判断に当たっては、以下の数値を参考とするものとする。

①　当該地域の総面積に対する農林地の占める割合がおおむね八〇パーセント以上であること又は漁港と一体的に発展した地域であること。

②　全就業者数に対する農林漁業従事者の割合がおおむね五パーセント以上であること。

二　法第三条第二号に掲げる要件については、当該地域の人口の動態、農林漁業の現状、産業振興に関するビジョン等の地域づくりの方針等との整合性について確認し、当該地域において定住等及び地域間交流を促進することが、当該地域を含む農山漁村の活性化を図るために有効であることをもって判断すること。

三　法第三条第三号に掲げる要件については、当該地域の人口、人口密度、建築物の敷地の面積の割合等を勘案して判断し、既に市街地を形成していると判断される区域が、定住等及び地域間交流の促進のための措置を講ずべき地域に含まれないこと。

第三　定住等及び地域間交流の促進のための施策に関する基本的事項

一　国が講ずべき措置

農山漁村の活性化を図るためには、関係行政機関が十分な意見交換を行い、必要な際には共同で事業を実施するなど、相互に密接な連携を図りながら施策を支援することが必要である。具体的には、国は、以下に掲げる措置を講ずるよう努めることとする。

① 施設整備等に対する支援及び調査等

地方公共団体等による定住等及び地域間交流の促進のための措置を支援するため、施設整備等に対する必要な支援措置を講ずる。

また、地域において創意工夫を生かした取組が円滑に実施されるよう、都市住民の農山漁村に対する意識や他の地域における成功事例といった、定住等及び地域間交流の促進に資する情報を調査し、収集するとともに、これらを地方公共団体等に提供する。

② 国民の定住等及び地域間交流に対する意識の高揚等

定住等及び地域間交流を促進するためには、農山漁村の重要性に対する国民の理解が不可欠であることを踏まえ、広報活動、啓発活動、教育活動等を通じて、定住等及び地域間交流の促進のための取組の必要性等について、国民の理解を深めるよう努めるとともに、二地域居住等の新たなライフスタイルに関して社会的認知の醸成を図るものとする。

③ 定住等及び地域間交流の促進のために国が行う事務に関する透明性の確保

定住等及び地域間交流の促進のために国が行う事務について、国民に対して政策の目的や効果を定量的・客観的に明らかにすることにより、行政の説明責任を十分に果たすものとする。

二 地方公共団体が講ずべき措置

地方公共団体は、農山漁村の活性化を図る観点から、国の施策に準じ、地域の実情に即して、定住等及び地域間交流の促進のための事業等に対する支援措置、定住等及び地域間交流の促進に関する地域住民の理解を深めるための広報活動、法に定める措置を講ずるに当たっての透明性の確保等地域における定住等及び地域間交流の促進のために必要な措置を講ずるよう努めるものとする。

特に、都道府県については、定住等及び地域間交流の促進のために市町村が講ずる措置に対し、市町村間の調整や助言等、必要な支援措置を講ずるよう努めるものとする。

第四 活性化計画の作成に関する基本的事項

一 活性化計画の作成に当たっての基本的な考え方

特別な景勝地や名跡がなくても、美しい山河や田園風景といった通常の農山漁村が有する地域資源がその活性化に向けた大きな力となることを改めて認識した上で、少子高齢化等の地域社会の動向、地域における農林漁業の現状、歴史・風土・景観等の地域の特性に応じ、有形・無形の地域資源を活用しつつ創意工夫を発揮して定住等及び地域間交流の促進による地域の活性化を目指す計画とする。

特に、農林漁業は、農山漁村における基幹産業であることから、活性化計画は、地域の農林漁業の健全な発展と調和のとれたものとすることが必要である。

また、定住等及び地域間交流を促進する際には、関係する地方公共団体の施策や農林漁業団体等の活動と整合性をもって施策を展開することが必要である。このため、活性化計画の作成に当たっては、作成主体となる地方公共団体は、関係する地方公共団体との連携を密にするとともに、農林漁業団体やＮＰＯ法人等の地域における関係団体との調整を十分に行うものとする。

二　活性化計画において明確化されるべき視点

活性化計画においては、これに基づく取組の効率的・効果的な実施を図る観点から、以下の視点を明確化した上で、計画期間内において実施すべき事業等を記載するものとする。

①　自然環境、伝統文化、各種施設等の現に存在する地域資源（いわゆる「既存ストック」）を見つめ直し、これらの有している価値を再認識した上で、これを持続的かつ有効に活用することにより、事業等の効率的な実施と都市にはない農山漁村独自の魅力の増加等が図られること。

②　地域再生計画等に基づき実施される事業等、関連し合う諸施策と連携することにより、相乗効果の発揮が図られること。

③　地域住民、ＮＰＯ法人等が当該地域において行う農山漁村の活性化に関する活動等との連携・協働により、事業等の効果的な実施が図られること。

④　活性化計画に基づき実施される事業等について、できる限り客観的で透明性の高い適正な評価が図られること。

三　活性化計画に記載すべき事項に関する考え方

①　活性化計画の区域

活性化計画の区域は、当該活性化計画を作成する都道府県又は市町村の区域内であって、法第三条各号に掲げる要件に該当すると認められる範囲で定めるものとする。

この場合、法による措置が講じられる地域として、その範囲を特定する必要があることから、地番による表示、道路、河川等の境界による表示等により、外縁が明確となるようにすることが適当である。

②　活性化計画の目標

活性化計画に基づく事業の実施等により、①の区域において実現されるべき地域活性化の目標を記載する。当該目標については、活性化計画の達成状況等についての評価に用いられることとなるため、原則として定量的な指標を用いて具体的に記述することが望ましい。

③ 活性化計画の目標を達成するために必要な事業に関する事項

都道府県又は市町村が活性化計画の目標を達成するために実施する事業について、記載するものとする。

この場合、法第六条第二項の交付金を活用して実施する事業とそれ以外の事業について、明確に区分した上で記載するものとする。

なお、活性化計画の区域外で実施される事業であっても、活性化計画の目標の達成に寄与すると認められるものについては、活性化計画に記載することができる。この場合、活性化計画の目標の達成にどのように寄与するのかを明記するものとする。

また、これらの事業については、一に述べた活性化計画の基本的性格にかんがみ、地域における農林漁業の健全な発展と調和がとれたものであることが必要であり、農林漁業の振興及び農林地の保全を通じた国土及び環境の保全等の機能が十分に発揮されないおそれのある施設整備等に係る事業等は、活性化計画の目標を達成するために実施する事業としては適当でない。

具体的な事業の考え方は、以下のとおりである。

ア 定住等の促進に資する農林漁業の振興を図るための生産基盤及び施設の整備に関する事業

定住等を促進するためには、農山漁村における基幹産業である農林漁業の振興を図ることが必要であることから、そのための農道等の生産基盤及び農林水産物加工処理施設等の生産施設の整備に関する事業を記載する。

イ 定住等を促進するための集落における排水処理施設その他の生活環境施設の整備に関する事業

定住等を促進するためには、生活の場である農山漁村について、生活環境の整備を図ることが必要であることから、集落における簡易排水施設、情報通信基盤施設その他の生活環境施設の整備に関する事業を記載する。

ウ 農林漁業の体験のための施設その他の地域間交流の拠点となる施設の整備に関する事業

地域間交流を促進するため、地域間交流の拠点となる農林漁業体験施設、研修施設、地域資源活用交流促進施設等の整備に関する事業を記載する。

エ その他農林水産省令で定める事業

アからウまでに掲げる事業のほか、農林漁業及び食品産業その他の農林水産省の所掌に係る事業における資源の有効な利用を確保するための施設の整備に関する事業その他農林水産大臣の定める事業を記載する。

④　③の事業と一体となってその効果を増大させるために必要な事業又は事務に関する事項

活性化計画の区域における定住等及び農山漁村と都市との地域間交流を促進するため、③の事業と一体となって、その効果を増大させるため実施する必要があると認められる事業又は事務について、記載するものとする。

⑤　③及び④に掲げる事項に係る他の地方公共団体との連携に関する事項

定住等及び地域間交流を促進するための取組を行うに当たっては、他の地方公共団体との連携を強化することが重要であることから、都道府県又は市町村が活性化計画の目標を達成するための他の地方公共団体との連携について、記載するものとする。

⑥　計画期間

活性化計画の目標を達成するために必要な取組を進めようとする期間として、都道府県又は市町村は、活性化計画の始期及び期間を示す必要がある。その際、計画期間の長短については、計画作成主体が自主的な判断により定めるものであるが、社会経済情勢の変化に的確に対応して事業等を実施していく必要があること、また、計画期間があまりにも長期にわたると明確な目標を設定することが困難となることから、原則として三年から五年程度とすることが望ましい。

第五　その他定住等及び地域間交流の促進に関する重要事項

一　優良農地の確保及び環境等への配慮

農林漁業は、農山漁村における基幹産業であり、その健全な発展を図ることが必要であることから、地域において定住等及び地域間交流の促進を図るための施設整備等を実施する際には、優良農地の確保に支障がないようにする必要がある。

この観点からすれば、大規模な農用地の転用が必要な事業は適切でないため、所有権移転等促進計画に係る農用地の転用の面積については、二ヘクタールをその上限とするものとする。

また、農山漁村は、農林漁業など、様々な人間関係の働きかけを通じて形成・維持されてきた自然環境を有しており、これらは生物多様性保全や身近な自然との触れ合いの場としての機能を有し、農山漁村の大きな魅力となっていることを踏まえ、活性化計画に基づく各種事業等の計画及び実施に当たっては、良好な環境の保全等への配慮をするものとする。

二　効率的な事務の実施体制の構築

都道府県又は市町村が農山漁村の活性化のための施策を効率的に実施するため、農林水産省の本省及び地方農政局に支援窓口を設置するものとする。

定住等及び地域間交流の促進による農山漁村の活性化に関する基本的な方針の公表について

○農山漁村の活性化のための定住等及び地域間交流の促進に関する法律に基づく活性化計画制度の運用に関するガイドラインについて

〔平成十九年八月二日
一九農振第八二三号〕

農林水産省農村振興局長から　都道府県知事あて

農山漁村の活性化のための定住等及び地域間交流の促進に関する法律（平成十九年法律第四十八号。以下「法」という。）が第一六六国会において成立し、平成十九年八月一日付けで施行され、これに伴い、農山漁村の活性化のための定住等及び地域間交流の促進に関する法律施行規則（農林水産省令第六十五号。以下「施行規則」という。）が同日付けで施行され、これにより、都道府県又は市町村が作成する活性化計画制度及び当該計画に基づく事業等の実施に充てるための交付金を交付する措置等が設けられたところである。

このため、法の趣旨に従い、当該制度等の円滑かつ適正な運用が図られるよう、地方自治法（昭和二十二年法律第六十七号）第二百四十五条の四第一項の規定に基づき、国の考え方、留意点等を示す技術的な助言として、別紙のとおり、通知を発出するものである。

なお、活性化計画に基づく事業等の実施に充てられる交付金の交付については、農山漁村活性化プロジェクト支援交付金実施要綱（平成十九年八月一日付け十九企第百号農林水産事務次官依命通知）等に留意して運用されるようお願いする。

また、法第七条第四項に基づく都道府県知事による所有権移転等促進計画の承認については、別途処理基準として発出するので、念のため申し添える。

おって、このことについては、貴管下市町村の長に周知願いたい。

（別紙）

農山漁村の活性化のための定住等及び地域間交流の促進に関する法律に基づく活性化計画制度の運用に関するガイドライン

第一　趣旨

農山漁村については、高齢化や人口の減少が都市部以上に大幅に進行し、また、農業所得をはじめ地域の所得が減少傾向にあるなど、厳しい状況におかれている。さらに、生活環境の整備状況は都市部に比べ、なお低い水準にあり、農山漁村の活力低下が続いているのが現状である。

一方、農山漁村については、心豊かな暮らしと自然、文化、歴史を大切にする良き伝統を代々伝えてきており、国民の価値観が多様化する中で、農山漁村に対する都市住民の関心が高まっていることも事実である。

このような中で、都市住民が、本人や家族のニーズ等に応じて、多様なライフスタイルを実現するための手段の一つとして、農山漁村等の同一地域において、中長期、定期的・反復的に滞在すること等により、当該地域社会と一定の関係を持ちつつ、都市の住居に加えた生活拠点を持つ生活、いわゆる二地域居住を実践する者等、新しい形態で農山漁村と関わりを持つ者も増えはじめている。

こうしたことを踏まえ、農山漁村における定住や二地域居住、農山漁村と都市との地域間交流を促進することにより、農山漁村の活性化を図るため、法が制定されたものである。

第二　定住等及び地域間交流

一　定住等（法第二条第一項）

「定住等」とは、「農山漁村における定住」及び「都市の住民がその住所のほか農山漁村に居所を有すること」（いわゆる「二地域居住」）をいうこととされている。

この「二地域居住」とは、農山漁村に居所を有する点で、「定住」に近い概念と考えられるが、都市に住所は維持したままの状態であることから、「定住」の概念では完全に包摂することは難しいと考えられる。このため、法においては、「定住」のほか、「二地域居住」を含めて「定住等」と定義する。

なお、「農山漁村における定住」には、都市住民が農山漁村に移り住むことのほか、現に農山漁村に住んでいる人が離村することなく住み続けることも含む概念として捉えることが適当である。

二　地域間交流（法第二条第二項）

「地域間交流」とは、「都市の住民の農林漁業の体験その他の農山漁村と都市との地域間交流」をいうこととされている。

第三　地域

法に基づく措置の対象となる地域は、法第三条各号に掲げられた要件に該当する地域であり、その考え方については、法第四条第一項に基づき農林水産大臣が定める定住等及び地域間交流の促進による農山漁村の活性化に関する基本的な方針（平成十九年八月二日公表。以下「基本方針」という。）において、「定住等及び地域間交流の促進のための措置を講ずべき地域の設定に関する基本的事項」として示されたところであるが、具体的には以下のとおりとすることが適当であると考えられる。

一　農林漁業が重要な事業である地域であること（法第三条第一号）

国勢調査、農林業センサス、漁業センサス等の公的な統計データに基づき、当該地域における農林漁業に関連する客観的な指標を用いて、当該地域において、農林漁業が重要な役割を担っているかをもって判断することが望ましい。具体的な判断に当たっては、以下の数値を参考とすることが適当であると考えられる。

(1) 当該地域の総面積に対する農林地の占める割合がおおむね八〇パーセント以上であること又は漁港（漁港漁場整備法（昭和二十五年法律第百三十七号）第二条に規定する漁港をいう。）と一体的に発展した地域であること

(2) 当該地域における国勢調査の結果を用いて算定した全就業者数に対する農林漁業従事者数の割合がおおむね五パーセント以上であること

二 定住等及び地域間交流を促進することが有効かつ適切であること（法第三条第二号）

当該地域の人口の動態、農林漁業の現状、総合計画や産業振興に関するビジョン等の地域づくりの方針との整合性等について確認し、当該地域において、定住等及び地域間交流を促進することが、当該地域を含む農山漁村の活性化へ効果のあるものかどうかをもって判断することが望ましい。

例えば、次のようなケースについては、この要件に該当しないものと考えられる。

・ 当該地域の周辺の地域において、既に都市との地域間交流が盛んに行われていることから、当該地域に地域間交流を促進するための対策を実施しても、あまり効果が認められない場合（農山漁村の活性化にとって有効でないケース）

・ 定住等及び地域間交流を促進するための対策を実施していくことが、居住者及び滞在者を増加させるという効果はあっても、当該地域の周辺の地域に存する自然環境の保全の観点からは望ましくない場合（農山漁村の活性化にとって適切でないケース）

三 既に市街地を形成している区域以外の地域であること（法第三条第三号）

当該地域の人口、人口密度、建物の敷地の面積の割合等を勘案して判断し、既に市街地を形成していると判断される区域が、定住等及び地域間交流の促進のための措置を講ずべき地域に含まれないこととすることとするが、建築物の敷地の面積の割合を勘案するに当たっては、農林漁業関係施設の占める割合を考慮することが望ましい。

また、都市計画法（昭和四十三年法律第百号）に基づき指定された用途地域は、現に市街地を形成していない場合でも、将来的に都市的土地利用が行われる蓋然性が高い区域であり、「既に市街地を形成している区域」に準ずる地域に相当すると考えられるため、漁港漁場整備法に基づき指定された漁港の背

後集落及び漁業センサスの対象となる漁業集落等を除いて、原則として定住等及び地域間交流の促進のための措置を講ずべき地域に含まないこととすることが望ましい。

第四　活性化計画

一　活性化計画の作成

都道府県又は市町村は、単独で又は共同して、基本方針に基づき、農山漁村の活性化のための定住等及び地域間交流の促進に関する計画（以下「活性化計画」という。）を作成することができる（法第五条第一項）。

活性化計画の作成に当たっては、当該地域に特別な景勝地や名跡がなくとも、美しい山河や田園風景といった通常の農山漁村が有する地域資源が活性化に向けた大きな力となることを改めて認識した上で、少子高齢化等の地域社会の動向、地域の農林漁業の現状、歴史・風土・景観等の地域の特性に応じ、有形・無形の地域資源を持続的に活用しつつ創意工夫を発揮して定住等及び地域間交流の促進による地域の活性化を目指すことが望ましい。

特に、農林漁業は、農山漁村における基幹産業であることから、活性化計画は、地域の農林漁業の健全な発展と調和のとれたものとすることが必要である。

また、定住等及び地域間交流を促進する際には、関係する地方公共団体の施策や農林漁業団体等の活動と整合性をもって施策を展開することが必要である。このため、活性化計画の作成に当たっては、作成主体となる地方公共団体は、関係する地方公共団体との連携を密にするとともに、農林漁業団体やＮＰＯ法人等の地域における関係団体との調整を十分に行うものとする。

なお、活性化計画の様式については、別記様式第1号を参考にされたい。

二　活性化計画に定める事項

(1)　活性化計画の区域（法第五条第二項第一号）

活性化計画の区域は、当該活性化計画を作成する都道府県又は市町村の区域内であって、法第三条各号に掲げる要件に該当すると認められる範囲で定めることとなる。

この場合、法による措置が講じられる地域として、その範囲を特定する必要があることから、緯度経度による表示、地番による表示、道路、河川等の境界による表示等により、外縁が明確となるようにすることが適当であると考えられるため、原則として、地図等により図示することが望ましい。

(2)　活性化計画の目標（法第五条第二項第二号）

活性化計画に基づく事業の実施等により、(1)の区域において実現されるべき地域活性化の目標を記載する。当該目標については、活性化計画の達成状況等の評価に用いられることとなるため、原則として定量的な指標を用いて具体的に記述することが望ましい。目標については、活性化計画を作成する都道府県又は市町村が、当該地域の実情等を踏まえて、自主性と創意工夫を生かして設定することが望ましいが、例えば、当該地域への居住者や滞在者の増加数等を目標として記載することが適当であると考えられる。

(3) (2)の目標を達成するために必要な事業（法第五条第二項第三号）

都道府県又は市町村が(2)の目標を達成するために実施する事業であって、次の①から④までに該当するものについて記載することとされている。

この場合、法第六条の交付金を活用して実施する事業とそうでない事業について、明確に区分した上で記載するものとする。

また、活性化計画の基本的な性格にかんがみ、地域の農林漁業の健全な発展と調和がとれたものであることが必要であり、農林漁業等の振興及び農林地の保全を通じた国土及び環境の保全等の機能が十分に発揮されないおそれのある施設整備等に係る事業等は、活性化計画の目標を達成するために実施する事業としては、適当ではないと考えられる。

なお、農林水産省以外の府省庁等の所管に係る事業は、農山漁村の活性化を主たる目的としておらず、当該事業は記載することが適当ではないことに留意する必要がある。

① 定住等の促進に資する農林漁業の振興を図るための生産基盤及び施設の整備に関する事業（第三号イ）

定住等を促進するためには、農山漁村における基幹産業である農林漁業の振興を図ることが必要であることから、そのための生産基盤及び施設の整備に関する事業を記載する。

このうち、交付金の交付対象となる事業としては、基盤整備、農用地保全、生産機械施設、処理加工・集出荷貯蔵施設、新規就業者技術習得管理施設、農道（広域農道及び農免農道を除く。以下この①において同じ。）、連絡農道（広域農道及び農免農道を除く。以下この①において同じ。）、林道（緑資源幹線林道を除く。以下この①において同じ。）、農業集落道等の整備が該当する。

なお、農道及び連絡農道については、農業の生産の基盤の整備を、林道については、主として森林施業の実施及び管理運営に供することを、農業集落道については、農業集落周辺における農業用道路を補充し、主として農業機械の運行等の農業生産活動及び農産物の運搬に供することを、それぞれ目的とするものであることに留意する必要がある。

② 定住等を促進するための集落における排水処理施設その他の生活環境施設の整備に関する事業（第三号ロ）

また、定住等を促進するためには、生活の場である農山漁村について、生活環境の整備を図ることが必要であることから、集落における排水処理施設その他の生活環境施設の整備に関する事業を記載する。

このうち、交付金の交付対象となる事業としては、簡易排水施設のほか、情報通信基盤施設、簡易給水施設、防災安全施設等の整備が該当する。

③ 農林漁業の体験のための施設その他の地域間交流の拠点となる施設の整備に関する事業（第三号ハ）

地域間交流を促進するため、地域間交流の拠点となる施設の整備に関する事業を記載する。

このうち、交付金の交付対象となる事業としては、地域資源活用総合交流促進施設、市民農園その他農林漁業体験施設、農山漁村の有する地域資源を活用し、都市住民等への農山漁村に対する理解を促進すること等を目的とした自然環境等活用交流学習施設等の整備が該当する。

なお、市民農園については、法第十一条に、法第五条第三項に規定する市民農園の整備に関する事業を実施する農林漁業団体等について、その実施する事業が法第五条第一項に規定する活性化計画に記載された場合には、その手続上の負担軽減を図る観点から、市民農園整備促進法（平成二年法律第四十四号）第七条第一項に基づく認定の申請において、同項及び同条第二項の規定にかかわらず、簡略化された手続によることができる旨が規定されている。この考え方については、「農山漁村の活性化のための定住等及び地域間交流の促進に関する法律第十一条の規定に基づく市民農園整備促進法の特例に関する省令の制定について」（一九農振第八一八号、国都公緑第九九号、平成十九年八月一日付け農林水産省農村振興局長、国土交通省都市・地域整備局長通知）を参照されたい。

④ その他農林水産省令で定める事業（第三号ニ）

①から③までに掲げる事業のほか、⑵の目標を達成するために必要な事業を記載する。

このうち、交付金の交付対象となる事業としては、施行規則第一条に規定される農林漁業及び食品産業その他の農林水産省の所掌に係る事業における資源の有効な利用を確保するための施設の整備のほか、地域住民活動促進施設の整備等が該当する。

(4)　(3)の事業と一体となってその効果を増大させるために必要な事業又は事務に関する事項（第四号）

(3)の事業に付随して行われる事業又は事務を記載するものであり、このうち、交付金の交付対象としては、例えば、地域間交流の拠点となる施設の整備に先立って実施されるソフト事業のほか、都道府県又は市町村が提案する事業や農山漁村の住民への啓発、研修等の活動への支援等（ワークショップ、専門家の派遣、事業のＰＲ等）の事務等が該当する。

(5)　(3)及び(4)に掲げる事項に係る他の地方公共団体との連携に関する事項（第五号）

定住等及び地域間交流を促進する取組を行うに当たっては、他の地方公共団体と連携を強化することが重要であることから、都道府県又は市町村が活性化計画の目標を達成するための他の地方公共団体との連携について、記載する。

(6)　計画期間（第六号）

(2)の目標を達成するために必要な取組を進めようとする期間として、都道府県又は市町村は、活性化計画の始期と期間を示す必要がある。その際、計画期間の長短については、計画作成主体が自主的な判断により定めるものであるが、社会経済情勢の変化に的確に対応して事業等を実施していく必要があること、また、計画期間があまりにも長期にわたると明確な目標を設定することが困難となることから、原則として三から五年程度を限度とすることが望ましいと考えられる。

三　農林漁業団体等が実施する事業

活性化計画に記載する事業は、都道府県又は市町村自身が実施するもののほか、法第五条第三項に規定する農林漁業団体等が実施する事業であっても、都道府県又は市町村がその事業費の一部を負担してその推進を図る事業については、当該事業の実施主体の同意を得て計画に記載することができることとされている（法第五条第三項）。

農林漁業団体等には、農林漁業者の組織する団体又は特定非営利活動法人に準ずるものとして、次の(1)から(4)までに掲げるものが含まれる（施行規則第三条）。

(1)　民法（明治二十九年法律第八十九号）第三十四条の法人

(2)　都道府県又は市町村が資本金の二分の一以上を出資している株式会社で、定住等及び地域間交流の促進に寄与する事業を営むもの

(3)　営利を目的としない法人格を有しない社団であって、代表者の定めがあり、かつ、農山漁村の活性化を図るための活動を行うことを目的とするもの

(4)　(1)から(3)までに掲げるもののほか、定住等及び地域間交流の促進に関する観点から必要と認められる事業又は事務を実

施する者として、都道府県知事又は市町村長が指定したもの

四　農林漁業団体等による活性化計画の案の作成についての提案

農林漁業団体等のノウハウやアイディアを積極的に採り入れることにより、定住等及び地域間交流の取組を一層促進するため、これらの促進に寄与する事業を実施しようとする農林漁業団体等から、都道府県又は市町村に対し、活性化計画の案の作成についての提案をすることができることとされている（法第五条第五項）。

また、手続の透明性を確保するため、提案を受けた都道府県又は市町村は、当該提案を踏まえた活性化計画の案を作成するかどうかを判断し、その必要がないと判断したときは、提案者にその旨及びその理由を通知しなければならないこととされている（法第五条第六項）。

五　農林地所有権移転等促進事業

(1)　農林地所有権移転等促進事業の趣旨

活性化計画に記載する事業を行う場合には、活性化施設（法第五条第七項に規定する活性化施設をいう。以下同じ。）の円滑な整備が図られるような土地利用を実現する必要があるため、その所有権の移転等を促進する必要がある。このため、市町村は、農林地等の施設用地への転換と農林地の代替地の取得が円滑に行われるよう、様々な土地利用と複数の関係者に係る権利移転を一括して処理する農林地所有権移転等促進事業を行おうとするときは、当該事業に関する事項を活性化計画に記載することができることとされている（法第五条第七項）。

(2)　農林地所有権移転等促進事業の対象となる土地

農林地所有権移転等促進事業の対象となる土地は、次に掲げる土地（農林地等）である（法第二条第三項各号）。

①　農用地（第一号）

農地法（昭和二十七年法律第二百二十九号）第二条第一項に規定する「農地」及び「採草放牧地」に該当する土地である。

②　林地（第二号）

森林法（昭和二十六年法律第二百四十九号）第二条第一項に規定する「森林」に該当する土地である。

③　活性化施設用地（第三号）

現に活性化施設の用に供されている土地及び開発して活性化施設用地とすることが適当な土地である。

④　①から③までに掲げる土地と一体的に利用される土地（第四号）

土留等農林地や活性化施設用地の保全上必要な土地のほか、①から③までに掲げる土地に隣接し利用上一体となっ

ている土地である。

(3) 農林地所有権移転等促進事業に関して活性化計画に定めるべき事項（法第五条第七項各号、施行規則第四条）

① 農林地所有権移転等促進事業の実施に関する基本方針

活性化施設の円滑な整備を図るとともに、周辺地域における農用地の集団化等農業構造の改善に資するよう配慮するほか、農林漁業団体等が定住等及び地域間交流の促進に寄与するために行う自主的な取組を支援することを旨とすること、農林地所有権移転等促進事業を活用することにより整備する活性化施設の範囲など、農林地所有権移転等促進事業の実施に当たっての基本的な考え方を明らかにすることが望ましい。

② 移転される所有権の移転の対価の算定基準及び支払の方法

移転される所有権の移転の対価の算定基準については、土地の種類及び利用目的ごとに近傍類似の土地の取引の価額に比準して算定される額を基礎とし、農林地等にあってはその土地の生産力等を勘案して、活性化施設用地にあっては近傍類似の地代等から算定される推定の価格、同等の効用を有する土地の造成に要する費用の推定額等を勘案して、算定する（ただし、対象となる土地が地価公示法（昭和四十四年法律第四十九号）第二条第一項に規定する都市計画区域に所在し、かつ同法第六条の規定による公示価格を取引の指標とすべきものである場合においては、公示価格を基準とした価額を基礎として算定する）旨を定めることが望ましい。

また、移転される所有権の移転の対価の支払の方法については、所有権移転等促進計画に定める支払期限までに所有権の移転を受ける者が所有権の移転を行う者の指定する金融機関口座に振り込む、又は所有権の移転を行う者の住所に持参して支払う旨を定めることが望ましい。

③ 設定され、又は移転される地上権、賃借権又は使用貸借による権利の存続期間又は残存期間に関する基準並びに当該設定され、又は移転を受ける権利が地上権又は賃借権である場合における地代又は借賃の算定基準及び支払の方法

イ 地上権、賃借権又は使用貸借による権利の存続期間に関する基準については、次のとおり定めることが望ましい。

・農用地として利用する場合においては、農地の利用調整を円滑に行うことができるよう、地域の実情に応じ関係農業者の大半が希望する期間

・林地として利用する場合においては、森林の生育に

係る期間が通常数十年と長いことに配慮した期間

・　活性化施設用地として利用する場合においては、施設の耐用年数、事業計画の年数等を考慮した期間

また、その残存期間に関する基準については、移転される地上権、賃借権又は使用貸借による権利の残存期間を基準として定めることが望ましい。

ロ　地代又は借賃の算定基準については、次のとおり定めることが望ましい。

・　農地については、農業委員会が定める標準小作料、当該農地の生産条件等を勘案し、採草放牧地については、その採草放牧地の地代又は借賃の額に比準して算定する。

・　林地については、近傍の林地の地代又は借賃の額に比準して算定する。

・　活性化施設用地については、近傍の同種の施設用地の地代又は借賃の額に比準して算定する。

また、その支払の方法については、関係者に不利益が生じない範囲で極力簡便な方法にすることが望ましい。したがって、一般的な方法としては、地代又は借賃は毎年所有権移転等促進計画に定める日までに、口座振込、持参等により、当該年に係る地代又は借賃の全額を一度に支払う旨を定めることが適当である。

④　農林地所有権移転等促進事業の実施により、設定され又は移転される農用地に係る賃借権又は使用貸借による権利の条件その他農用地の所有権の移転等に係る法律関係に関する事項

イ　農用地に係る賃借権又は使用貸借による権利の条件については、所有権移転等促進計画において定める有益費の償還等権利の条件に関する事項を定めることが望ましい。

ロ　その他農用地の所有権の移転等に係る法律関係に関する事項については、農林地所有権移転等促進事業の実施によって成立する当事者間の法律関係が明確になるよう賃貸借、使用貸借、売買等当事者間の法律関係に関する事項を定めることが望ましい。

(4)　都道府県知事の同意（法第五条第八項）

活性化計画に農林地所有権移転等促進事業に関する事項を記載しようとする市町村（都道府県と共同して活性化計画を作成する市町村を除く。）は、当該事項について、あらかじめ、都道府県知事に協議し、その同意を得なければならないこととされている。

六　他の計画等との調和

活性化計画は、その計画事項の内容や対象地域において、過疎地域自立促進計画、山村振興計画、農業振興地域整備計画等地域振興に関する計画その他法律の規定による地域振興に関する計画、地域森林計画等森林の整備に関する計画並びに都市計画及び都市計画法第十八条の二の市町村が作成する都市計画の基本的な方針と極めて密接に関連していることから、その実施に当たって混乱が生じないよう、これらの各計画と調和が保たれたものである必要がある。

なお、「その他法律の規定による地域振興に関する計画」には、半島振興計画（半島振興法（昭和六十年法律第六十三号）第三条に規定する半島振興計画をいう。）、離島振興計画（離島振興法（昭和二十八年法律第七十二号）第四条に規定する離島振興計画をいう。）、奄美群島振興開発計画（奄美群島振興開発特別措置法（昭和二十九年法第百八十九号）第三条に基づく奄美群島振興開発計画をいう。）、小笠原諸島振興開発計画（小笠原諸島振興開発特別措置法（昭和四十四年法律第七十九号）第四条に基づく小笠原諸島振興開発計画をいう。）、豪雪地帯対策基本計画（豪雪地帯対策特別措置法（昭和三十七年法律第七十三号）第三条に基づく豪雪地帯対策基本計画をいう。）及び特殊土壌地帯対策事業計画（特殊土壌地帯災害防除及び振興臨時措置法（昭和二十七年法律第九十六号）第三条に基づく特殊土壌地帯対策事業計画をいう。）等が含まれると解される。

また、地方自治法第二条第四項の基本構想は、市町村における総合的かつ計画的な行政運営を図るための基本方針に当たるものであることから、活性化計画はその考え方や内容について基本構想と適合し、かつ、齟齬や矛盾がないことを担保する観点から、基本構想に「即したもの」として作成される必要がある（法第五条第九項）。

このほか、国土の利用に関しては、国土利用計画（国土利用計画法第七条及び第八条に規定する都道府県計画及び市町村計画をいう。）を基本とするとともに、特定漁港漁場整備事業計画（漁港漁場整備法第十七条第一項に規定する特定漁港漁場整備事業計画をいう。）及び港湾計画（港湾法（昭和二十五年法律第二百十八号）第三条の三に規定する港湾計画をいう。以下同じ。）と調和が保たれたものであることが望ましい。

七　活性化計画の公表等

(1)　活性化計画の公表等（法第五条第十項）

都道府県又は市町村は、活性化計画を作成したときは、遅滞なくこれを公表しなければならないこととされている。具体的には、当該都道府県又は市町村の公報にその概要を掲載するとともに、当該都道府県又は市町村の事務所において縦覧に供することやホームページへの掲載等により、広く周知することが望ましい。

また、関係行政機関等の円滑な協力・連携に資するよう、都道府県にあっては関係市町村（都道府県と共同して当該活性化計画を作成した市町村を除く。）に、市町村にあっては都道府県に、当該活性化計画の写しを送付しなければならないこととされている。

(2) 活性化計画の変更（法第五条第十一項）

活性化計画を作成した都道府県又は市町村は、社会経済情勢の変化等により必要が生じたときは、当該活性化計画を変更することが望ましい。

この場合には、法第五条第四項から第六項まで、第八項及び第十項の規定が準用される。

八　その他留意事項

都道府県又は市町村は、活性化計画を作成するに当たっては、次に掲げる事項に留意することが望ましい。

(1) 市街化調整区域内において新設又は用途変更による活性化施設の整備に係る事業を活性化計画に記載する場合には、あらかじめ、都市計画法による開発許可の見込みについて都道府県又は市町村の開発許可担当部局との間において確認が得られている必要があること。

また、農地法に基づく農地転用等その他法令に基づく許認可が必要な場合においても、あらかじめ、当該許可権者等の担当部局との調整を図っておく必要があること。

(2) 都市計画区域内において、広場など公園と同様の機能を有する施設に係る事業を活性化計画に記載する場合には、あらかじめ、当該事業について都道府県又は市町村の都市計画、都市公園、緑地関連担当部局と十分に調整を図ること。

(3) 活性化計画の基本的な性格にかんがみ、定住等や地域間交流を促進する効果があるものであっても、工場や大規模商業施設は活性化施設に含まれないこととすること。

(4) 都道府県は、市町村が農地転用に関する内容を含む活性化計画を作成しようとする場合において、当該市町村から農地法に基づく転用手続等に係る事前の相談等があったときは、事案の内容を十分聴取の上、農地転用許可基準等の適用上の問題点の指摘を行うとともに、適正な農地転用許可申請書の提出又は所有権移転等促進計画の作成が行われるよう助言等を行うこと。

(5) 市町村が活性化計画の作成主体であり、かつ当該活性化計画に市民農園の整備に関する事業を記載する場合は、当該事業を実施しようとする農林漁業団体等は、当該市町村に、市民農園整備促進法施行規則（平成二年農林水産省・建設省令第一号）第九条第二項各号に掲げる図面を提出すること。

(6)　活性化計画に農道整備事業・林道整備事業を含むときは、「道路事業と農道整備事業・林道整備事業の調整の充実について」(平成十一年三月三十一日付け建道地発第一二号、一一―一(農)、一一―八(林))に即し、都道府県の農道担当部局・林道担当部局と道路担当部局間の連絡、調整を十分にはかること。また、活性化計画に農業集落道整備事業を含むときは、あらかじめ関係道路管理者及び関係都道府県道路担当部局と十分な時間的余裕をもって協議を行うこと。

(7)　法目的の達成度合いや改善すべき点等について検証する必要があるため、法施行後七年以内に法を見直すこととされている(法附則第二条)。このようなことにかんがみ、活性化計画の作成主体である市町村又は都道府県は、作成した活性化計画について自己評価しておくこと。

第五　交付金の交付等

一　活性化計画の提出

都道府県又は市町村は、二の交付金を充てて活性化計画に基づく事業等の実施をしようとするときは、当該活性化計画に次の書類を添付して農林水産大臣に提出しなければならない(法第六条第一項、施行規則第五条各号)。

(1)　活性化計画の区域内の土地の現況を明らかにした図面(施行規則第五条第一号)

(2)　交付金の額の限度を算定するために必要な資料(施行規則第五条第二号)

二　交付金の交付

国は、一の都道府県又は市町村に対し、提出された活性化計画に基づく事業等の実施に要する経費に充てるため、予算の範囲内で交付金を交付することができる(法第六条第二項)。

この場合において、交付金は、活性化計画を提出した都道府県又は市町村ごとに交付するものとし、その額は農山漁村活性化プロジェクト支援交付金実施要綱等の定めるところにより算出された額を限度とする(施行規則第六条第一項)。

このほか、交付金の交付手続、交付金の経理その他必要な事項については、農山漁村活性化プロジェクト支援交付金実施要綱等の定めるところにより行わなければならない(施行規則第六条第三項)。

第六　所有権移転等促進計画

一　所有権移転等促進計画の作成

農林地所有権移転等促進事業に関する事項が記載された活性化計画を作成した市町村は、当該事業を行おうとするときは、農業委員会の決定を経て、所有権移転等促進計画を定めるものとする(法第七条第一項)。なお、所有権移転等促進計画の様式については、別記様式第二号を参考にされたい。

二　所有権移転等促進計画に定める事項

所有権移転等促進計画には、次の事項を定めるものとされている（法第七条第二項、施行規則第八条）。

(1)　所有権の移転等を受ける者の氏名又は名称及び住所

(2)　(1)の者が所有権の移転等を受ける土地の所在、地番、地目及び面積

(3)　(1)の者に(2)に規定する土地について所有権の移転等を行う者の氏名又は名称及び住所

(4)　(1)の者が移転を受ける所有権の移転の後における土地の利用目的並びに当該所有権の移転の時期並びに移転の対価及びその支払の方法

(5)　(1)の者が設定又は移転を受ける地上権、賃借権又は使用貸借による権利の種類、内容（土地の利用目的を含む。）、始期又は移転の時期、存続期間又は残存期間並びに当該設定又は移転を受ける権利が地上権又は賃借権である場合にあっては、地代及び借賃及びその支払の方法

(6)　(1)の者が設定又は移転を受ける農用地に係る賃借権又は使用貸借による権利の条件その他農用地の所有権の移転等に係る法律関係に関する事項（(4)及び(5)に掲げる事項を除く。）

(7)　(2)の土地の全部又は一部が農用地であり、かつ、当該土地に係る(4)又は(5)の土地の利用目的が農用地の用に供するためのものである場合にあっては、次に掲げる事項

①　(1)の者の農業経営の状況

②　権利を設定し、又は移転をしようとする土地が農地法第三条第二項第六号の土地であるときは、その旨

③　その他参考となるべき事項

なお、①については、次に掲げる事項を記載するものとする。

イ　法第七条第二項第一号に規定する者又はその世帯員が現に所有し、又は所有権以外の使用及び収益を目的とする権利を有している農用地の面積並びにこれらの者が権原に基づき現にその耕作又は養畜の事業に供している農用地の面積

ロ　法第七条第二項第一号に規定する者が個人である場合にあっては法第七条第二項第一項に規定する者又はその世帯員がその耕作又は養畜の事業に従事している状況及びこれらの者が当該事業につきその労働力以外の労働力に依存している状況、法人である場合にあってはその法人のその耕作又は養畜の事業に係る労働力の状況

ハ　法第七条第二項第一号に規定する者又はその世帯員がその耕作又は養畜の事業に供している農機具及び役畜の状況

三　所有権移転等促進計画の要件

所有権移転等促進計画は、次に掲げる要件を満たすものでなければならないこととされている（法第七条第三項）。

(1)　活性化計画への適合（第一号）

所有権移転等促進計画の内容は、法第五条第七項の規定により活性化計画に定められた農林地所有権移転等促進事業に係る事項その他活性化計画の内容に適合するものでなければならないこととされている。

(2)　関係権利者の同意（第二号）

所有権移転等促進計画は、所有権の移転等が行われる土地ごとに、所有権の移転等を受ける者並びに所有権の移転等が行われる土地について、所有権、地上権、永小作権、質権、賃借権、使用貸借による権利又はその他の使用及び収益を目的とする権利を有する者のすべての同意が得られていなければならないこととされている。

(3)　農業振興地域整備計画、都市計画等への適合（第三号）

所有権の移転等が行われる土地の利用目的は、当該土地に係る農業振興地域整備計画、都市計画等の土地利用に関する計画に適合すると認められ、かつ、当該土地の位置及び規模並びに周辺の土地利用の状況からみて、当該土地を当該土地利用目的に供することが適当と認められなければならないこととされている。なお、所有権の移転等が行われる土地に港湾法第二条第四項に規定する臨港地区内の土地を含む場合にあっては、「土地利用に関する計画」には港湾計画が含まれる。

(4)　農業構造の改善に資するように定められていること（第四号）

所有権移転等促進計画の内容は、活性化計画の区域内にある土地の農林業上の利用と他の利用との調整に留意して活性化施設の用に供する土地を確保するとともに、当該土地の周辺の地域における農用地の集団化その他農業構造の改善に資するように定められていることとされている。

この趣旨は、大規模な農地の転用を含み、地域の農業の健全な発展に支障をきたすことがないようにするとともに、認定農業者（農業経営基盤強化促進法（昭和五十五年法律第六十五号）第十二条に基づき経営改善計画の認定を受けている者をいう。以下同じ。）等の担い手の経営農地を活性化施設の用地に供することの無いように配慮するとともに、必要な場合には所有権移転等促進計画の中で認定農業者等への利用権の設定等を行うことが適当であるということである。

したがって、認定農業者等の経営地をやむを得ず活性化施設の用に供する場合には、例えば、当該認定農業者等の経営面積が縮小しないよう既存経営地に隣接した農地を代替地として所有権移転等促進計画の中で手当てすることも考えられる。

　また、優良農地確保の観点から、所有権の移転等を受ける土地が二ヘクタールを超える農用地であって、かつ、当該土地に係る所有権の移転等の内容が農地法第五条第一項本文に該当する場合を含む所有権移転等促進計画は、この要件に照らして適当でないと考えられる。

(5) 所有権の移転等を受ける土地の要件（第五号）

　所有権の移転等を受ける土地ごとに、次に掲げる要件に該当するものであることとされている。

① 当該土地が農用地であり、かつ、当該土地に係る所有権の移転等の後の利用目的が農用地の用に供するためのものである場合にあっては、農地法第三条第二項の規定により同条第一項の許可をすることができない場合に該当しないこと。

② 当該土地が農用地であり、かつ、当該土地に係る所有権の移転等の内容が農地法第五条第一項本文に規定する場合にあっては、同条第二項の規定により、同条第一項の許可をすることができない場合に該当しないこと。

③ 当該土地が農用地以外の土地である場合にあっては、所有権の移転等を受ける者が、所有権の移転等が行われた後において、利用目的に即して適正かつ確実に利用することができると認められること。

四　所有権移転等促進計画の作成に当たっての留意事項

　市町村は、所有権移転等促進計画の作成に当たっては、次に掲げる事項に留意することが望ましい。

(1) 所有権移転等促進計画には、農用地についての所有権の移転等が必ず含まれていなければならないこと。

(2) 法第七条第三項第二号の同意が円滑に得られるよう、あらかじめ、農業委員会等の関係者の協力を得るなどして、所有権移転等促進計画の案を作成すること。

(3) 所有権の移転等の対象となる土地が農用地であり、かつ、当該土地に係る所有権の移転等の後の利用目的が農用地の用に供するためのものである場合には、農業委員会と事前調整を行い、農地法第三条第二項各号に該当しないことを確認すること。

(4) 所有権の移転等の対象となる土地が農用地であり、かつ、当該土地に係る所有権の移転等の内容が農地法第五条第一項本文に規定する場合にあっては、農業委員会と事前調整を行い、同条第二項の規定により同条第一項の許可が可能か否かを確認すること。

(5)　所有権の移転等が行われた後の土地の利用目的に関し、農業振興地域整備計画、都市計画への適合性の判断及び公共施設の整備状況、周辺の土地利用の状況等を勘案した判断など様々な観点があるため、それらにふさわしい部局が緊密に連携を図りつつ処理すること。

五　農業委員会の決定

(1)　市町村は、所有権移転等促進計画を定めようとするときは、所有権の移転等に係る土地ごとに、所有権の移転等を受ける者及び当該土地について所有権、地上権、永小作権、質権、賃借権、使用貸借による権利又はその他の使用及び収益を目的とする権利を有する者のすべての同意を得た上で、農業委員会に諮り、その決定を経なければならない。

(2)　所有権移転等促進計画を農業委員会の決定に係らしめているのは、農業委員会はその重要な任務の一つとして農用地の利用関係の調整に関する事務を担っていることによるものである。この場合、計画全体について農業委員会が決定することとしているが、農用地以外の土地に係る権利関係の調整について判断するものではない。

(3)　農業委員会は、所有権移転等促進計画について決定を行うときは、農用地の権利移動が適切に行われることを旨として、当該決定に要する期間その他活性化計画の円滑な達成を図るために必要な事項につき適切な配慮をするものとするとされている（施行規則第七条）。したがって、農業委員会は、活性化計画担当部局から所有権移転等促進計画の作成に係る事前相談があった場合には、これに応じるとともに、所有権移転等促進計画の決定に係る事務処理を遅滞なく完了させるよう努めるものとすることが望ましい。

六　都道府県知事の承認

(1)　市町村は、所有権移転等促進計画を定めようとする場合において、所有権の移転等の対象となる土地の全部又は一部が農用地（当該農用地に係る所有権の移転等の内容が農地法第五条第一項本文に規定する場合に該当するものに限る。）であるときは、当該所有権移転等促進計画について、あらかじめ、都道府県知事の承認を得なければならない（法第七条第四項）。

(2)　市町村は、(1)の承認申請に当たっては、申請書に所有権移転等促進計画書及び次の書類を添えて、都道府県知事に提出しなければならない（施行規則第九条）。

①　次に掲げる事項を記載した書面

イ　土地の利用状況及び普通収穫高

ロ　所有権の移転等の当事者がその土地の転用に伴い支払うべき給付の種類、内容及び相手方

ハ　土地の転用の時期及び転用の目的に係る施設の概要

ニ　土地を転用することによって生ずる付近の農用地、作物、家畜等の被害の防除施設の概要

②　土地の位置を示す地図

③　その申請に係る土地に設置しようとする建物その他の施設及びこれらの施設を利用するために必要な道路、用排水施設その他の施設の位置を明らかにした図面

④　申請に係る農用地が土地改良区の地区内にある場合には、当該土地改良区の意見書（意見を求めた日から三〇日を経過してもなおその意見を得られない場合には、その事由を記載した書面）

⑤　その他参考となるべき事項を記載した書類

七　所有権移転等促進計画の公告等

(1)　所有権移転等促進計画の公告

市町村は、所有権移転等促進計画を定めたときは、次の事項を市町村の公報に掲載することその他所定の手段により、遅滞なく、その旨を公告しなければならない（法第八条第一項、施行規則第十条）。

①　所有権移転等促進計画を定めた旨及び当該所有権移転等促進計画

②　所有権移転等促進計画が法第七条第四項の規定により都道府県知事の承認を受けている場合には、その旨

(2)　所有権移転等促進計画の公告の事前通知

市町村は、所有権移転等促進計画の公告をしようとするときは、六の都道府県知事の承認を受けた場合を除き、あらかじめ、その旨を都道府県知事に通知しなければならないこととされ（法第八条第二項）、この通知は、通知書に公告をしようとする所有権移転等促進計画及び当該公告の予定年月日を記載した書面を添えてするものとする（施行規則第十一条）。これは、所有権移転等促進計画について、その効力発生前に最終的に都道府県知事によって確認する機会を与えることが適当であるとの趣旨で設けられたものである。

市町村の事前通知に係る都道府県知事による確認に当たっては、所有権の移転等が行われた後の土地の利用目的に関し、農業振興地域整備計画、都市計画への適合性の判断及び公共施設の整備状況、周辺の土地利用の状況等を勘案した判断など様々な観点があるため、それにふさわしい部局が緊密に連携を図りつつ処理することが望ましい。

(3)　所有権移転等促進計画の公告の効果

市町村が農業委員会の決定を経て、所有権移転等促進計画を定め、その旨を公告したときは、その公告があった所有権移転等促進計画の定めるところによって所有権が移転し、又

は地上権、賃借権若しくは使用貸借による権利が設定され、若しくは移転する（法第九条）。

(4)　所有権移転等促進計画の公告後の処理

①　所有権移転等促進計画の公告を行った市町村（以下「公告市町村」という。）は、当該計画に記載された所有権の移転等のうち所有権の移転等の内容が農地法第五条第一項本文に規定する場合にあっては、必要に応じて現地調査を行うほか、台帳を作成するなどにより、当該所有権の移転等の目的となった事業（以下「転用事業」という。）の公告後の進捗状況を常に把握しておくことが望ましい。

②　公告市町村は、転用事業の進捗状況が転用事業に係る計画（以下「転用事業計画」という。）に記載された工事の着手又は完了の時期から著しく遅延しているときその他転用事業を行う者（「以下「転用事業者」という。）が転用事業計画どおりに工事を行っていないときは、当該転用事業者に対し、速やかに工事に着手し、又は工事を完了すべき旨その他転用事業計画どおり工事を行うべき旨を文書によって催告することが望ましい。

③　公告市町村は、②の催告を行った後も転用事業者が転用事業計画に従った工事に着手せず、又は工事を完了しないまま放置している場合、その他転用事業計画どおり工事を行っていない場合において、所有権移転等促進事業計画に係る土地の利用目的を変更することにより、当該転用事業を完了させる見込みがあるときは、当該利用目的を変更するものとする。この場合、公告市町村は、所有権移転等促進計画の当該変更を行おうとする部分につき法第七条に定める手続に準じて変更を行い、さらに法第八条第一項に定める手続に準じて公告するものとする。

なお、このような手続を経ずに所有権移転等促進計画に記載された土地の利用目的以外の目的に供する転用が行われた場合には、農地法第四条及び第五条違反として所要の措置が講じられることとなる。

八　農地法の特例等

(1)　農地法の特例

①　農林地所有権移転等促進事業の実施によって農用地について所有権の移転等が行われる場合（転用のための所有権の移転等が行われる場合を除く。）には、農地法第三条第一項の許可を受けることを要しない（同法第三条第一項第四号の六）。

②　農林地所有権移転等促進事業の実施によって農用地について転用のための所有権の移転等が行われる場合には、農地法第五条第一項の許可を受けることを要しない（同法第

五条第一項第一号の四）とともに、農林地所有権移転等促進事業の実施によって転用のため設定され、又は移転された権利に係る農地を所有権移転等促進計画に定める利用目的に供するときは、農地法第四条第一項の許可を要しない（同法第四条第一項第三号の四）。

③　なお、上記以外には農地法の特例が設けられておらず、農林地所有権移転等促進事業の実施によって農用地について所有権の移転等が行われる場合には農地法第六条第一項（所有できない小作地）の規定が適用されるものであり、また農林地所有権移転等促進事業の実施によって農用地について設定された賃借権の期間が満了する場合には、農地法第十九条（農地又は採草放牧地の賃借権の更新）の規定が適用され、賃借権の解除をし、解約申し入れをし、合意による解約をし、又は賃借権の更新をしない旨の通知をしようとする場合には農地法第二十条第一項（農地又は採草放牧地の賃貸借の解約等の制限）の規定が適用されるものであることに留意する必要がある。

(2)　農業振興地域の整備に関する法律の特例

農林地所有権移転等促進事業の実施によって農用地区域内の土地について開発行為をするため所有権の移転等が行われた場合において、当該土地を所有権移転等促進計画に定める利用目的に供するときは、農業振興地域の整備に関する法律（昭和四十四年法律第五十八号）第十五条の二第一項の許可を要しない。

九　不動産登記の特例

法第八条第一項の規定による公告があった所有権移転等促進計画に係る土地の登記については、政令で不動産登記法（平成十六年法律第百二十三号）の特例を定めることができるとされており（法第十条）、権利移転等の促進計画に係る不動産登記の特例に関する政令の一部を改正する政令（平成十九年政令第二百二十五号）が施行されたところである。

(1)　市町村による登記の嘱託

①　法第九条の規定により所有権の移転等が行われた場合、所有権等を取得した者からの請求があるときは、市町村は、その者のために所有権の移転等の登記を嘱託しなければならないものとする（権利移転等の促進計画に係る不動産登記の特例に関する政令（平成六年政令第二百五十八号）第二条）。

②　①により登記を嘱託する場合には、不動産登記令（平成十六年政令第三百七十九号）第三条各号に掲げる事項のほか、嘱託する旨の記載をするとともに、第八条第一項の規定による公告があったことを証明する書面及び登記義務者

の承諾書を添付しなければならないものとする（権利移転等の促進計画に係る不動産登記の特例に関する政令第三条）。

③　登記官は、登記完了時に登記権利者のために登記識別情報を嘱託者に通知するとともに、当該通知を受けた嘱託者は、遅滞なく、登記権利者に通知しなければならないものとする（権利移転等の促進計画に係る不動産登記の特例に関する政令第四条）。

(2)　代位による登記の嘱託

①　市町村は、所有権移転等促進計画に係る所有権の移転等についての登記を嘱託する場合、必要があれば、土地の表示の変更の登記等について、代位による登記の嘱託をすることができるものとする（権利移転等の促進計画に係る不動産登記の特例に関する政令第五条）。

②　登記官は、登記完了時に、(1)③と同様に、登記権利者のために登記識別情報を嘱託者に通知するとともに、当該通知を受けた嘱託者は、遅滞なく、登記権利者に通知しなければならないものとする（権利移転等の促進計画に係る不動産登記の特例に関する政令第六条）。

第七　農地法等による処分についての配慮

活性化施設の整備を円滑に進めるに当たっては、当該整備の対象となる土地が各種の土地利用規制の対象となることが想定されることから、国の行政機関の長又は都道府県知事は、活性化計画の区域内の土地を当該活性化計画に定める活性化施設の用に供するため、農地法その他の法律の規定による許可その他の処分を求められたときは、当該活性化施設の設置の促進が図られるよう適切な配慮をするものとするとされている（法第十三条）。

なお、「その他の法律」としては、農業振興地域の整備に関する法律が考えられ、例えば、第七条の所有権移転等促進計画に従って、施設用地として農地が転用される場合に、その農地が農用地区域内にあるときは、農業振興地域整備計画の変更が必要になるが、都道府県知事は、当該変更を同意する場合に法の実施のために必要な措置であることに配慮することが望ましい。

別記様式第１号（第四関係）

○○活性化計画

○○県○○市

平成○年○月

1　活性化計画の目標及び計画期間

計画の名称	

都道府県名		市町村名		地区名(※1)		計画期間(※2)	

目　標　:(※3)
目標設定の考え方
地区の概要:
現状と課題
今後の展開方向等(※4)

【記入要領】
※1 「地区名」欄には活性化計画の対象となる地区が複数ある場合には、すべて記入する。
※2 「計画期間」欄には、法第5条第2項第6号の規定により、活性化計画の目標を達成するために必要な取組の期間として、原則として3年から5年程度

の期間を記載する。
※3 「目標」欄には、法第5条第2項第2号の規定により、設定した活性化計画の区域において、実現されるべき目標を、原則として定量的な指標を用いて具体的に記載する。
※4 「今後の展開方向」欄には、「現状と課題」欄に記載した内容を、どのような取組で解消していくこととしているのかを、明確に記載する。また、区域外で実施する必要がある事業がある場合には活性化計画の目標達成にどのように寄与するかも明記する。

2　目標を達成するために必要な事業及び他の地方公共団体との連携

(1)法第5条第2項第3号に規定する事業(※1)

市町村名	地区名	事業名(事業メニュー名)(※2)	事業実施主体	交付金希望の有無	法第5条第2項第3号イ・ロ・ハ・ニの別(※3)	備考

(2)法第5条第2項第4号に規定する事業・事務(※4)

市町村名	地区名	事業名	事業実施主体	交付金希望の有無	備考

(3)関連事業(施行規則第2条第3項)(※5)

市町村名	地区名	事業名	事業実施主体	備考

(4)他の地方公共団体との連携に関する事項(※6)

【記入要領】

※1 「法第5条第2項第3号に規定する事業」欄には、活性化計画の目標を達成するために必要であって、かつ、農林水産省所管の事業について

記載する。なお、活性化計画の区域外で実施する事業は、備考欄に「区域外で実施」と記載する。

※2 「事業名（事業メニュー名）」欄に記載する事業のうち、交付金を希望する事業にあっては、農山漁村活性化プロジェクト支援交付金実施要領別表1の「事業名」とあわせ、（ ）書きで、「事業メニュー名」を記載すること。

※3 「法第5条第2項第3号イ・ロ・ハ・ニの別」の欄には、交付金希望の有無にかかわらず、該当するイ・ロ・ハ・ニのいずれかを記載する。

※4 「法第5条第2項第4号に規定する事業・事務」欄には、上段の(1)の表に記載した事業と一体となって、その効果を増大させるために必要な事業等を記載する。

※5 「関連事業」欄には、施行規則第2条第3項の規定により、上段(1)及び(2)の事業に関連して実施する事業を記載する。

※6 「他の地方公共団体との連携に関する事項」欄には、法第5条第2項第5号の規定により、他の地方公共団体との連携に関する具体的な内容について記載する。

3　活性化計画の区域（※１）

○○地区（○○県○○市）	区域面積（※2）	○○ha

区域設定の考え方　（※3）

①法第3条第1号関係：

②法第3条第2号関係：

③法第3条第3号関係：

【記入要領】

※1　区域が複数ある場合には、区域毎にそれぞれ別葉にして作成することも可能。

※2 「区域面積」欄には、施行規則第2条第2号の規定により、活性化計画の区域の面積を記載する。

※3 「区域設定の考え方」欄は、法第3条各号に規定する要件について、どのように判断したかを記載する。

4　市民農園（活性化計画に市民農園を含む場合）に関する事項

(1) 市民農園の用に供する土地（農林水産省令第2条第4号イ、ロ、ハ）

土地の所在	地番	地目		地積（㎡）	新たに権利を取得するもの			既に有している権利に基づくもの			土地の利用目的		備考
						土地所有者			土地所有者		農地（※2）	市民農園施設	
		登記簿	現況		権利の種類（※1）	氏名	住所	権利の種類（※1）	氏名	住所	市民農園整備促進法第2条第2項第1号イ・ロの別	種別（※3）	

(2) 市民農園施設の規模その他の整備に関する事項（農林水産省令第2条第4号ハ）（※4）

整備計画	種別（※5）		構造（※6）		建築面積	所要面積	工事期間	備考
建築物								
工作物								
計								

(3) 開設の時期　　　　（農林水産省令第2条第4号二）

【記入要領】

※1 「権利の種類」欄には、取得等する権利について「所有権」「地上権」「賃借権」「使用貸借」などについて記載する。

※2 「市民農園整備促進法第2条第2項第1号イ・ロの別」欄には、イまたはロを記載する。

※3 「種別」欄には市民農園施設の種別について「給水施設」「農機具収納施設」「休憩施設」などと記載する。

※4 (1)に記載した市民農園の用に供する市民農園施設のうち建築物及び工作物について種別毎に整理して記載する。

※5 「種別」には（※3）のうち、建築物及び工作物である施設の種別を記載する。

※6 「構造」については施設の構造について「木造平屋」「鉄筋コンクリート」などと記載する。

※　市町村は、市民農園の整備に関する事業を実施しようとする農林漁業団体等より、市民農園整備促進法施行規則（平成2年農林水産省・建設省令第1号）第9条第2項各号に掲げる図面の提出を受けておくことが望ましい。

5　農林地所有権移転等促進事業に関する事項

事　項	内　容	備　考
(1) 農林地所有権移転等促進事業の実施に関する基本方針(※1)		
(2) 移転される所有権の移転の対価の算定基準及び支払の方法(※2)		
(3) 権利の存続期間、権利の残存期間、地代又は借賃の算定基準等		
① 設定され、又は移転される地上権、賃借権又は使用貸借による権利の存続期間に関する基準(※3)		
② 設定され、又は移転される地上権、賃借権又は使用貸借による権利の残存期間に関する基準(※4)		
③ 設定され、又は移転を受ける権利が地上権又は賃借権である場合における地代又は借賃の算定基準及び支払の方法(※5)		
(4) 農林地所有権移転等促進事業の実施により設定され、又は移転される農用地に係る賃借権又は使用貸借による権利の条件その他農用地の所有権の移転等に係る法律事項		
① 農林地所有権移転等促進事業の実施により設定され、又は移転される農用地に係る貸借権又は使用貸借による権利の条件(※6)		
② その他農用地の所有権の移転等に係る法律関係に関する事項(※7)		

※1の「農林地所有権移転等促進事業の実施に関する基本方針」欄は、法第5条第7項第1号の規定により、農用地の集団化等への配慮等

農林地所有権移転等促進事業の実施に当たっての基本的な考え方を記載する。

※2の「移転される所有権の移転の対価の算定基準及び支払の方法」欄には、法第5条第7項第2号の規定により、移転の対価を算定するときの基準について記載する。

また、支払いの方法については、例えば、「口座振込」など支払い方法が明確になるよう記載する。

※3の「設定され、又は移転される地上権、賃借権又は使用貸借による権利の存続期間に関する基準」欄には、法第5条第7項第3号の規定により、存続期間を設定する基準について記載する。

※4の「設定され、又は移転される地上権、賃借権又は使用貸借による権利の残存期間に関する基準」欄には、法第5条第7項第3号の規定により、残存期間を設定する基準について記載する。

※5の「設定され、又は移転を受ける権利が地上権又は賃借権である場合における地代又は借賃の算定基準及び支払の方法」欄には、地代又は、借賃をどのように算定するのか、支払いの方法についてはどのように行うのかを記載する。

※6の「農林地所有権移転等促進事業の実施により設定され、又は移転される農用地に係る賃借権又は使用貸借による権利の条件」欄には、例えば、有益費の償還等権利の条件の内容を記載する。

※7の「その他農用地の所有権の移転等に係る法律関係に関する事項」欄には、農林地所有権移転等促進事業によって成立する当事者間の法律関係が明らかになるよう、「賃貸借」「使用貸借」「売買」等を記載する。

6　活性化計画の目標の達成状況の評価等（※１）

【記入要領】

※1　施行規則第2条第5号の規定により、設定した活性化計画の目標の達成状況の評価について、その手法を簡潔に記載する。
なお、当該評価については、法目的の達成度合いや改善すべき点等について検証する必要があるため、法施行後7年以内に見直すこととされていることにかんがみ、行われるものである。
その他、必要な事項があれば適宜記載する。

その他留意事項

①都道府県又は市町村は、農林水産大臣に活性化計画を提出する場合、活性化計画の区域内の土地の現況を明らかにした図面を下記事項に従って作成し、提出すること。

・設定する区域を図示し、その外縁が明確となるよう縁取りすること。（併せて、地番等による表示を記述すること）
・市町村が活性化計画作成主体である場合、5,000分の1から25,000分の1程度の白図を基本とし、都道府県が活性化計画作成主体である場合等区域の広さや地域の実情に応じて、適宜調整すること。スケールバー、方位を記入すること。
・目標を達成するために必要な事業について、その位置がわかるように旗上げし、事業名等を明記すること。
関連事業についても旗上げし、関連事業であることがわかるように記載すること。

②法第6条第2項の交付金の額の限度額を算出するために必要な資料を添付しなければならないが、その詳細は、農山漁村活性化プロジェクト支援交付金実施要綱（平成19年8月1日付け19企第100号農林水産事務次官依命通知）の定めるところによるものとする。

別記様式第２号（第六関係）所有権移転等促進計画書

年度　　号

農山漁村の活性化のための定住等及び地域間交流の促進に関する法律（平成１９年法律第４８号）第７条第１項の規定により、所有権移転等促進計画を定める。

年　　月　　日

市町村長名　　　　　印

第１　所有権移転関係

１　各筆明細

<table>
<tr><td rowspan="2">整理番号</td><td rowspan="2"></td><td>所有権の移転を受ける者の氏名又は名称及び住所（A）</td><td>（氏名又は名称）</td><td>（住所）　〔同意印〕</td></tr>
<tr><td>所有権を移転する者の氏名又は名称及び住所（B）</td><td>（氏名又は名称）</td><td>（住所）　〔同意印〕</td></tr>
</table>

<table>
<tr><td colspan="7">所有権を移転する土地（C）</td><td colspan="6">所有権の移転の内容（D）</td><td rowspan="3">農用地の所有権移転等に係る当事者間の法律関係（E）</td><td colspan="4">所有権を移転する土地の（B）以外の権原者等（F）</td><td rowspan="3">備考</td></tr>
<tr><td colspan="2">所在</td><td rowspan="2">地番</td><td colspan="2">地目</td><td rowspan="2">面積
㎡</td><td rowspan="2">所有権の登記の有無</td><td rowspan="2">利用目的</td><td rowspan="2">所有権の移転時期</td><td rowspan="2">対価
円</td><td rowspan="2">対価の支払方法</td><td rowspan="2">対価の支払期限</td><td rowspan="2">引渡の時期</td><td rowspan="2">住所</td><td rowspan="2">氏名又は名称</td><td rowspan="2">権原の種類</td><td rowspan="2">〔同意印〕</td></tr>
<tr><td>大字</td><td>字</td><td>現況</td><td>登記簿</td></tr>
<tr><td></td><td></td><td></td><td></td><td></td><td></td><td></td><td></td><td></td><td></td><td></td><td></td><td></td><td></td><td></td><td></td><td></td><td></td><td></td></tr>
<tr><td colspan="19">この計画に同意する。
所有権の移転を受ける者　住　所（同上）　○○　○○　印
所有権を移転する者　住　所（同上）　○○　○○　印
所有権を移転する者以外の者で所有権を移転する土地につき所有権その他の使用収益権を有する者　住　所（同上）　○○　○○　印</td></tr>
</table>

（記載注意）

（１）　この各筆明細は、所有権の移転の当事者ごとに別葉とする。所有権の移転を受ける者が同一で、所有権を移転する者が異なる場合には、整理番号に枝番を付して整理する。

（２）　（A）欄及び（B）欄の「他の各筆明細の整理番号」は、（A）欄及び（B）欄に掲げる者の同一公告に係る計画の他の各筆明細の整理番号を記載する。

（３）　（C）欄は、大字別に記載する。

（４）　（C）欄の「面積」は、土地登記簿によるものとし、土地登記簿の地積が著しく事実と相違する場合及び土地登記簿の地積がない場合には、実測面積を（　）書きで下段に２段書きする。

（５）　（C）欄の「所有権の登記の有無」は、土地登記簿の表題部に所有者の記載がある場合には（表）と、所有権の登記がある場合には（所）

と、未登記の場合には（未）と記載する。

（6）　（D）欄の「利用目的」は、所有権の移転による当該土地の利用目的（例えば水田として利用、普通畑として利用、活性化施設用地（交流促進施設、集出荷貯蔵施設等として利用）、開発して樹園地として利用等）を記載する。

（7）　（D）欄の「対価」は当該土地の移転の対価（立木等の額を算入したときはその合計額。なお、この場合には備考欄にその種類、数量等を記載する。）の額を記載する。なお、交換の場合で交換差金を伴うときには、その額を記載すること。

（8）　（E）欄は、所有権移転等に係る土地が農用地の場合に、当事者間の法律関係を「売買」等と記載する。

（9）　（F）欄は、（B）欄以外の権原者がいないときは記入を要しない。

(10)　同意については、（A）欄、（B）欄及び（F）欄に同意印を押印することによって代えることができる。

(11)　「備考」欄は、次の事項を記載する。

① 所有権を移転する土地の全部又は一部が農用地であり、かつ、当該土地の利用目的が農用地の用に供する場合であって、当該土地が農地法第３条第２項第６号に規定する土地であるときは、その旨

② 土地登記簿に所有権以外の権利に関する事項（例えば抵当権の登記等）があるときは、その旨

③ 対価を分割払いの方法により支払う場合にあっては、各支払期日ごとの支払金額

２　共通事項

この所有権移転等促進計画の定めるところにより行われる所有権の移転は、１の各筆明細に定めるもののほか、次に定めるところによる。

（1）　所有権以外の権利の消滅

所有権を移転する土地に第三者のための担保物権等が設定されているときは、所有権を移転する者（譲渡人甲）は当該権利を消滅させるとともに、当該権利が登記されているときは、所有権の移転時期までにその登記を抹消しなければならない。

（2）　租税公課の負担

所有権を移転する土地に係る固定資産税、土地改良賦課金等は、その所有権の移転時期の属する年度については、譲渡人甲が負担する。

（市町村が嘱託により登記することができることとなったとき）

（3）　所有権の移転の登記

この所有権移転等促進計画による所有権の移転の登記は、所有権の移転を受ける者（譲受人乙）の請求により、市町村の嘱託により行うものとし、譲渡人甲はこれに協力しなければならない。

（4）　経費の負担

所有権の移転の登記に要する経費は、譲受人乙が負担する。その他の経費については、譲渡人甲及び譲受人乙が協議して決める。

（5）　法律関係の解除

譲渡人甲又は譲受人乙は、相手方がこの所有権移転等促進計画に基づく義務を履行しないときは、この所有権移転等促進計画によって成立した法律関係を解除することができる。

（6）　所有権取得者の責務

譲受人乙は、この所有権移転等促進計画の定めるところに従い、所有権の移転を受けた土地を効率的かつ適正に利用しなければならない。

（7）　取消権の留保

所有権移転等促進計画の公告後の事情変更により所有権移転等促進事業の目的を達成することが困難となったときは、市町村は所有権移転等促進計画を取り消すことができる。

（8）　その他

この所有権移転等促進計画の定めのない事項及び所有権移転等促進計画に関し疑義が生じたときは、譲渡人甲、譲受人乙及び市町村が協議して定める。

（記載注意）　これは、記載例であるので、所有権の移転の内容等に応じて必要な事項を定めること。

3　所有権の移転等を受ける者の農業経営の状況等

<table>
<tr><td colspan="2">整理番号</td><td colspan="3"></td><td colspan="4">氏名又は名称</td><td>性別</td><td colspan="2"></td><td colspan="2">年齢</td><td colspan="2"></td><td colspan="2">農作業従事日数</td><td colspan="3">日</td></tr>
<tr><td colspan="2" rowspan="3">所有権の移転等を受ける土地の面積（A）㎡</td><td colspan="7">所有権の移転等を受ける者が耕作又は養畜の事業に供している農用地の面積（B）㎡</td><td rowspan="3">利用権の設定等を受ける者の主たる経営作目（C）</td><td colspan="7">所有権の移転等を受ける者の世帯員の農作業従事及び雇用労働力の状況（D）</td><td colspan="2">所有権の移転等を受ける者の主な家畜の飼養の状況（E）</td><td colspan="2">所有権の移転等を受ける者の主な農機具の所有の状況（F）</td></tr>
<tr><td rowspan="2"></td><td colspan="3">所有地</td><td colspan="2">借入地</td><td rowspan="2">経営地 ①＋④</td><td rowspan="2"></td><td rowspan="2">氏名</td><td rowspan="2">年齢</td><td rowspan="2">性別</td><td rowspan="2">続柄</td><td rowspan="2">従事日数</td><td rowspan="2">備考</td><td rowspan="2">種類</td><td rowspan="2">数量</td><td rowspan="2">種類</td><td rowspan="2">数量</td></tr>
<tr><td>自作地①</td><td>貸付地②</td><td>その他③</td><td>耕作地④</td><td>その他⑤</td></tr>
<tr><td>田</td><td></td><td>田</td><td></td><td></td><td></td><td></td><td></td><td></td><td rowspan="7"></td><td rowspan="2">構成員</td><td rowspan="2"></td><td rowspan="2"></td><td rowspan="2"></td><td rowspan="2"></td><td rowspan="2"></td><td rowspan="2"></td><td rowspan="7"></td><td rowspan="7"></td><td rowspan="7"></td><td rowspan="7"></td></tr>
<tr><td>畑</td><td></td><td>畑</td><td></td><td></td><td></td><td></td><td></td><td></td></tr>
<tr><td>樹園地</td><td></td><td>樹園地</td><td></td><td></td><td></td><td></td><td></td><td></td><td rowspan="2">常雇</td><td rowspan="2"></td><td rowspan="2"></td><td rowspan="2"></td><td rowspan="2"></td><td rowspan="2"></td><td rowspan="2"></td></tr>
<tr><td>採草放牧地</td><td></td><td>採草放牧地</td><td></td><td></td><td></td><td></td><td></td><td></td></tr>
<tr><td>樹園地</td><td></td><td>樹園地</td><td></td><td></td><td></td><td></td><td></td><td></td><td colspan="2" rowspan="2">季節・臨時雇</td><td colspan="5" rowspan="2">年間延日数　男　　日、女　　日</td></tr>
<tr><td>その他</td><td></td><td>その他</td><td></td><td></td><td></td><td></td><td></td><td></td></tr>
<tr><td colspan="2"></td><td colspan="7"></td><td colspan="7"></td></tr>
</table>

（記載注意）

（1）　所有権の移転等を受ける者の農業経営の状況等の記載は、同一公告に係る計画書中に第1から第4までのいずれかの関係中にその記載があれば、他はその記載を要しない。

（2）　（A）欄は、同一公告に係る計画によって、所有権の移転等が2つ以上ある場合には、それぞれを合算して面積を記入する。なお、「その他」には、混牧林地、活性化施設（交流促進施設、集出荷貯蔵施設等）の用に供される土地、開発して農用地の用に供される土地又は開発して活性化施設（交流促進施設、集出荷貯蔵施設等）の用に供される土地の別にその面積を記載する。

（3）　（B）欄の、「自作地」欄には所有権に基づき現に耕作又は養畜の事業に供しているものを、「所有権」のうちの「その他」欄には農業経営を委託しているもの及び不耕作地等その所有者その他及びその世帯員により現に工作又は養畜の事業に供されていないものを、「借入地」のうちの「その他」欄には所有権以外の権原を有する土地で現に耕作又は養畜の事業に供されていないものをそれぞれ記載する。「その他」欄に記載されるものがある場合には、その理由を欄外余白に付記すること。

（4）　（C）欄は、主たる経営作目を「水稲」、「果樹」、「野菜」、「養豚」、「養鶏」、「酪農」、「肉用牛」、「施設園芸」等と記載する。

（5）　（D）欄の「備考」には、その農業経営に必要な農作業がある限りその農作業に常時従事しているかどうかを記載する。

（6）　（F）欄の「農機具の所有状況」には、現に使用しているものについて記入し、その性能等できる限り詳細に記入する。

（7）　所有権の移転等を受ける者の農業経営の状況等の記載事項の全てが農地基本台帳により整理されている場合には、農地基本台帳番号〇〇、氏名又は名称、性別、年齢、農作業従事日数のみの記載にかえることができる。

第２　地上権設定関係

１　各筆明細

<table>
<tr><td colspan="3" rowspan="2">整理番号</td><td colspan="2" rowspan="2"></td><td colspan="3">地上権の設定を受ける者の氏名又は名称及び住所（Ａ）</td><td colspan="4">（氏名又は名称）</td><td colspan="5">（住所）　〔同意印〕</td></tr>
<tr><td colspan="3">地上権を設定する者の氏名又は名称及び住所（Ｂ）</td><td colspan="4">（氏名又は名称）</td><td colspan="5">（住所）　〔同意印〕</td></tr>
<tr><td colspan="5">地上権を設定する土地（Ｃ）</td><td colspan="6">設定する地上権（Ｄ）</td><td rowspan="3">農用地の所有権移転等に等に係る当事者間の法律関係（Ｅ）</td><td colspan="4">地上権を設定する土地の（Ｂ）以外の権原者等（Ｆ）</td><td rowspan="3">備考</td></tr>
<tr><td colspan="2">所在</td><td rowspan="2">地番</td><td rowspan="2">現況地目</td><td rowspan="2">面積㎡</td><td rowspan="2">利用権の種類</td><td rowspan="2">内容</td><td rowspan="2">始期</td><td rowspan="2">存続期間（終期）</td><td rowspan="2">地代</td><td rowspan="2">地代の支払方法</td><td rowspan="2">住所</td><td rowspan="2">氏名又は名称</td><td rowspan="2">権原の種類</td><td rowspan="2">〔同意印〕</td></tr>
<tr><td>大字</td><td>字</td></tr>
<tr><td></td><td></td><td></td><td></td><td></td><td></td><td></td><td></td><td></td><td></td><td></td><td></td><td></td><td></td><td></td><td></td><td></td></tr>
<tr><td colspan="12">この計画に同意する。
地上権の設定を受ける者
地上権を設定する者
地上権を設定する者以外の者で利用権を設定する土地につき所有権その他の使用収益権を有する者</td><td colspan="5">住　所（同上）　○○　○○　印
住　所（同上）　○○　○○　印
住　所（同上）　○○　○○　印</td></tr>
</table>

（記載注意）

（１）　この各筆明細は、地上権設定の当事者ごとに別葉とする。地上権の設定を受ける者が同一で、地上権を設定する者が異なる場合には整理番号に枝番を付して整理する。

（２）　（Ｄ）欄の「内容」は、地上権の設定による当該土地の利用目的（例えば活性化施設として利用）及び当該地上権に附帯する条件等を記載する。

（３）　（Ｄ）欄の「存続期間（終期）」は、「○年」又は「○○年○○月○○日（始期）から○○年○○月○○日まで」と記載する。

（４）　（Ｄ）欄の「地代」は、当該土地の１年分の地代（期間借地の場合には、１年のうち利用期間に係る分の地代）の額を記載する。

（５）　（Ｄ）欄の「地代の支払方法」は、地代の支払期限と支払方法（例えば、毎年○月○○月までに○○農協の○○名義の貯金口座に振り込む等）を記載する。

（６）　地上権を設定する土地の全部又は一部が農用地であり、かつ、当該土地の利用目的が農用地の用に供する場合であって、当該土地が農地法第３条第２項第６号に規定する土地であるときは、その旨を「備考」欄に記載する。

（７）　その他は、第１の１の記載注意と同じ。

2　共通事項

この所有権移転等促進計画の定めるところにより設定される地上権は、１の各筆明細に定めるもののほか、次に定めるところによる。

（１）　地代の支払猶予
地上権を設定する者（以下「甲」という。）は、地上権の設定を受ける者（以下「乙」という。）が災害その他やむを得ない事由のため、地代の支払期限までに借賃の支払をすることができない場合には、相当と認められる期日までにその支払を猶予する。

（２）　租税公課の負担
甲は、目的物に対する固定資産税その他の租税を負担する。

（３）　取消権の留保
所有権移転等促進計画の公告後の事情変更により所有権移転等促進事業の目的を達成することが困難となったときは、市町村は所有権移転等促進計画を取り消すことができる。

（４）　法律関係の解除
甲又は乙は、相手方がこの所有権移転等促進計画に基づく義務を履行しないときは、この所有権移転等促進計画によって成立した法律関係を解除することができる。

（５）　地上権の目的物の返還
地上権の存続期間が満了したときは、乙は、その満了の日から〇〇日以内に、甲に対して目的物を原状に回復して返還する。ただし、災害その他の不可抗力、修繕又は改良行為による形質の変更又は目的物の通常の利用によって生ずる形質の変更については、乙は、原状回復の義務を負わない。

（６）　地上権に関する事項の変更の禁止
甲及び乙は、この所有権移転等促進計画に定めるところにより設定される地上権に関する事項は変更しないものとする。ただし、甲、乙、及び市町村が協議の上、真にやむを得ないと認められる場合は、この限りでない。

（７）　地上権取得者の責務
乙は、この所有権移転等促進計画の定めるところに従い、目的物を効率的かつ適正に利用しなければならない。

（８）　その他
この所有権移転等促進計画の定めのない事項及び所有権移転等促進計画に関し疑義が生じたときは、甲、乙及び市町村が協議して定める。

（記載注意）　これは、記載例であるので、所有権の移転の内容等に応じて必要な事項を定めること。

（３　所有権の移転等を受ける者の農業経営の状況等）
第１の３と同じ。

第３　賃借権（使用貸借による権利）設定関係

１　各筆明細

<table>
<tr><td rowspan="2">整理番号</td><td rowspan="2"></td><td>賃借権（使用貸借による権利）の設定を受ける者の氏名又は名称及び住所（A）</td><td>（氏名又は名称）</td><td>（住所）〔同意印〕</td></tr>
<tr><td>賃借権（使用貸借による権利）を設定する者の氏名又は名称及び住所（B）</td><td>（氏名又は名称）</td><td>（住所）〔同意印〕</td></tr>
</table>

<table>
<tr><td colspan="5">賃借権（使用貸借による権利）を設定する土地（C）</td><td colspan="6">設定する賃借権（使用貸借による権利）（D）</td><td rowspan="3">農用地の所有権移転等に係る当事者間の法律関係（E）</td><td colspan="4">賃借権（使用貸借による権利）を設定する土地の（B）以外の権原者等（F）</td><td rowspan="3">備考</td></tr>
<tr><td colspan="2">所在</td><td rowspan="2">地番</td><td rowspan="2">現況地目</td><td rowspan="2">面積 ㎡</td><td rowspan="2">利用権の種類</td><td rowspan="2">内容</td><td rowspan="2">始期</td><td rowspan="2">存続期間（終期）</td><td rowspan="2">借賃</td><td rowspan="2">借賃の支払方法</td><td rowspan="2">住所</td><td rowspan="2">氏名又は名称</td><td rowspan="2">権原の種類</td><td rowspan="2">〔同意印〕</td></tr>
<tr><td>大字</td><td>字</td></tr>
<tr><td></td><td></td><td></td><td></td><td></td><td></td><td></td><td></td><td></td><td></td><td></td><td></td><td></td><td></td><td></td><td></td><td></td></tr>
<tr><td colspan="17">この計画に同意する。
賃借権（使用貸借による権利）の設定を受ける者　住　所（同上）　○○　○○　印
賃借権（使用貸借による権利）を設定する者　住　所（同上）　○○　○○　印
賃借権（使用貸借による権利）を設定する者以外の者で賃借権（使用貸借による権利）を設定する土地につき所有権その他の使用収益権を有する者　住　所（同上）　○○　○○　印</td></tr>
</table>

（記載注意）　（1）　この各筆明細は、賃借権（使用貸借による権利）設定の当事者ごとに別葉とする。賃借権（使用貸借による権利）の設定を受ける者が同一で、賃借権（使用貸借による権利）を設定する者が異なる場合には整理番号に枝番を付して整理する。

（2）　（C）欄の「面積」は、土地登記簿によるものとし、土地登記簿の地積が著しく事実と相違する場合、登記簿の地積がない場合及び土地改良事業による一時利用の指定を受けた土地の場合には、実測面積を（　）書きで下段に２段書きする。なお、１筆の一部について賃借権（使用貸借による権利）が設定される場合には、○○○○㎡のうち○○○㎡と記載し、当該部分を特定することのできる図面を添付するともに、備考欄にその旨を記載する。
（3）　（D）欄の「権利の種類」は、「賃借権」又は「使用貸借による権利」と記載する。
（4）　（D）欄の「内容」は、賃借権（使用貸借による権利）の設定による当該土地の利用目的（例えば水田として利用、普通畑として利用、樹園地として利用、活性化施設用地（交流促進施設、集出荷貯蔵施設等として利用））を記載し、水田裏作を目的とする賃貸借等の場合にはその利用期間を併記する。
（5）　（D）欄の「存続期間（終期）」は、「○年」又は「○○年○○月○○日（始期）から○○年○○月○○日まで」と記載する。
（6）　（D）欄の「借賃」は、当該土地の１年分の借賃（期間借地の場合には、１年のうち利用期間に係る分の借賃）の額を記載する。
（7）　（D）欄の「借賃の支払方法」は、借賃の支払期限と支払方法（例えば、毎年○月○○月までに○○農協の○○名義の貯金口座に振り込む等）を記載する。
（8）　賃借権（使用貸借による権利）を設定する土地の全部又は一部が農用地であり、かつ、当該土地の利用目的が農用地の用に供する場合であって、当該土地が農地法第３条第２項第６号に規定する土地であるときは、その旨を「備考」欄に記載する。
（9）　その他は、第１の１の記載注意と同じ。

2　共通事項
この所有権移転等促進計画の定めるところにより設定される利用権は、１の各筆明細に定めるもののほか、次に定めるところによる。
（1）　借賃の支払猶予
賃借権（使用貸借による権利）を設定する者（以下「甲」という。）は、賃借権（使用貸借による権利）の設定を受ける者（以下「乙」という。）が災害その他やむを得ない事由のため、借賃の支払期限までに借賃の支払をすることができない場合には、相当と認められる期日までにその支払を猶予する。
（2）　借賃の減額
賃借権の目的物（以下「目的物」という。）が農地である場合で、１の各筆明細に定められた借賃の額が、災害その他の不可抗力により農地法（昭和２７年法律第２２９号）第２２条に規定する割合を超えることとなったときは、乙は甲に対しその割合に相当する額になるまで借賃の減額を請求することができる。減額されるべき額は、甲及び乙が協議して定めるものとし、その協議が調わないときは、農業委員会が認定した額とする。
（3）　解約権の留保の禁止
甲及び乙は、１の各筆明細に定める賃借権（使用貸借による権利）の存続期間の中途において解約する権利を有しない。

（第２案）
（3）　解約に当たっての相手方の同意
甲及び乙は、１の各筆明細に定める賃借権（使用貸借による権利）の存続期間の中途において解約しようとする場合は、相手方の同意を得るものとする。
（4）　転貸又は譲渡
乙はあらかじめ市町村に協議した上、甲の承諾を得なければ目的物を転貸し、又は賃借権（使用貸借による権利）を譲渡してはならない。
（5）　修繕及び改良
ア　甲は、乙の責めに帰すべき事由によらないで生じた目的物の損耗について、自らの費用と責任において修繕する。ただし、緊急を要するときその他甲において修繕することができない場合で甲の同意があったときは、乙が修繕することができる。この場合において乙が修繕の費用を支出したときは、甲に対してその償還を請求することができる。
イ　乙は、甲の同意を得て目的物の改良を行うことができる。ただし、その改良が軽微である場合には甲の同意を要しない。
（6）　租税公課の負担
ア　甲は、賃借権（使用貸借による権利）目的物に対する固定資産税その他の租税を負担する。
イ　乙は、賃借権（使用貸借による権利）目的物に係る農業災害補償法（昭和２２年法律第１８５号）に基づく共済掛金及び賦課金を負担する。
ウ　賃借権（使用貸借による権利）の目的物に係る土地改良区の賦課金については、甲及び乙が別途協議するところにより負担する。
（7）　賃借権（使用貸借による権利）目的物の返還

ア　利用権の存続期間が満了したときは、乙は、その満了の日から○○日以内に、甲に対して目的物を原状に回復して返還する。ただし、災害その他の不可抗力、修繕又は改良行為による形質の変更又は目的物の通常の利用によって生ずる形質の変更については、乙は、原状回復の義務を負わない。

イ　乙は、目的物の改良のために支出した有益費については、その返還時に増価額が現存している場合に限り、甲の選択に従い、その支出した額又は増価額（土地改良法（昭和２４年法律第１９５号）に基づく土地改良事業により支出した有益費については、増価額）の償還を請求することができる。

ウ　イにより有益費の償還請求があった場合において甲及び乙の間で有益費の額について協議が調わないときは、甲及び乙双方の申出に基づき市町村が認定した額を、その費やした金額又は増価額とする。

エ　乙は、イによる場合その他法令による権利の行使である場合を除き、目的物の返還に際し、名目のいかんを問わず返還の代償を請求してはならない。

（８）　賃借権（使用貸借による権利）に関する事項の変更の禁止

甲及び乙は、この所有権移転等促進計画に定めるところにより設定される賃借権（使用貸借による権利）に関する事項は変更しないものとする。ただし、甲、乙、及び市町村が協議の上、真にやむを得ないと認められる場合は、この限りでない。

（９）　賃借権（使用貸借による権利）取得者の責務

乙は、この所有権移転等促進計画の定めるところに従い、目的物を効率的かつ適正に利用しなければならない。

(10)　取消権の留保

所有権移転等促進計画の公告後の事情変更により所有権移転等促進事業の目的を達成することが困難となったときは、市町村は所有権移転等促進計画を取り消すことができる。

(11)　その他

この所有権移転等促進計画の定めのない事項及び所有権移転等促進計画に関し疑義が生じたときは、甲、乙及び市町村が協議して定める。

（３　所有権の移転等を受ける者の農業経営の状況等）

第１の３と同じ。

第４　地上権（賃借権・使用貸借による権利）移転関係
　１　各筆明細

<table>
<tr><td rowspan="2">整理番号</td><td rowspan="2"></td><td>地上権（賃借権・使用貸借による権利）の移転を受ける者の氏名又は名称及び住所　（A）</td><td>（氏名又は名称）</td><td>（住所）　〔同意印〕</td></tr>
<tr><td>地上権（賃借権・使用貸借による権利）を移転する者の氏名又は名称及び住所　（B）</td><td>（氏名又は名称）</td><td>（住所）　〔同意印〕</td></tr>
</table>

<table>
<tr><td colspan="5">地上権（賃借権・使用貸借による権利）を移転する土地（C）</td><td colspan="6">移転する地上権（賃借権・使用貸借による権利）（D）</td><td rowspan="3">農用地の所有権移転等に係る当事者間の法律関係（E）</td><td colspan="4">地上権（賃借権・使用貸借による権利）を移転する土地の（B）以外の権原者等（F）</td><td rowspan="3">備考</td></tr>
<tr><td colspan="2">所在</td><td rowspan="2">地番</td><td rowspan="2">現況地目</td><td rowspan="2">面積㎡</td><td rowspan="2">権利の種類</td><td rowspan="2">内容</td><td rowspan="2">始期</td><td rowspan="2">存続期間（終期）</td><td rowspan="2">借賃</td><td rowspan="2">地代（借賃）の支払方法</td><td rowspan="2">住所</td><td rowspan="2">氏名又は名称</td><td rowspan="2">権原の種類</td><td rowspan="2">〔同意印〕</td></tr>
<tr><td>大字</td><td>字</td></tr>
<tr><td></td><td></td><td></td><td></td><td></td><td></td><td></td><td></td><td></td><td></td><td></td><td></td><td></td><td></td><td></td><td></td><td></td></tr>
<tr><td colspan="17">この計画に同意する。
地上権（賃借権・使用貸借による権利）の移転を受ける者　住　所（同上）　○○　○○　印
地上権（賃借権・使用貸借による権利）を移転する者　住　所（同上）　○○　○○　印
地上権（賃借権・使用貸借による権利）を移転する者以外の者で地上権（使用貸借による権利）を移転する土地につき所有権その他の使用収益権を有する者　住　所（同上）　○○　○○　印</td></tr>
</table>

（記載注意）　第２の１及び第３の１の記載注意と同じ。

2　共通事項

この所有権移転等促進計画の定めるところにより設定される地上権（賃借権・使用貸借による権利）は、1の各筆明細に定めるもののほか、この所有権移転等促進計画の定めのない事項及び所有権移転等促進計画に関し疑義が生じたときは、地上権（賃借権・使用貸借による権利）を移転する者、地上権（賃借権・使用貸借による権利）の移転を受ける者及び市町村が協議して定めるところによる。

（3　所有権の移転等を受ける者の農業経営の状況等）

第1の3と同じ。

○農山漁村の活性化のための定住等及び地域間交流の促進に関する法律関係事務に係る処理基準の制定について

〔平成十九年八月二日
一九農振第八二二号〕

農林水産省農村振興局長から　都道府県知事あて

農山漁村の活性化のための定住等及び地域間交流の促進に関する法律（平成十九年法律第四十八号）第七条第四項に基づく都道府県知事による所有権移転等促進計画の承認について、地方自治法（昭和二十二年法律第六十七号）第二百四十五条の九第一項の規定に基づく処理基準を、別紙のとおり定めたので、御了知の上、今後は本基準によりこれらの事務を適正に処理されるようお願いする。

なお、都道府県知事におかれては、貴管下市町村の長に周知願いたい。

（別紙）

農山漁村の活性化のための定住等及び地域間交流の促進に関する法律関係事務に係る処理基準

都道府県知事は、農山漁村の活性化のための定住等及び地域間交流の促進に関する法律（平成十九年法律第四十八号。以下「法」という。）第七条第四項の承認に当たっては、法令の定めによるほか、次によるものとする。

1　都道府県知事は、市町村から法第七条第四項の申請に係る申請書の提出があったときは、申請内容が法第七条第三項各号に掲げる要件に該当するかどうか審査し、承認又は不承認を決定し、その旨を市町村に通知する。

2　承認に当たっては、農地法（昭和二十七年法律第二百二十九号）第五条第二項の規定により同条第一項の許可が可能かどうかを審査し、必要がある場合には現地調査を行い、不適当な農用地の転用が行われることのないようにするものとする。

3　所有権の移転等が行われた後の土地の利用目的に関し、農業振興地域整備計画、都市計画への適合性の判断及び公共施設の整備状況、周辺の土地利用の状況等を勘案した判断など様々な観点があるため、関係部局が緊密に連携を図りつつ処理するものとする。

4　法第四条第一項に基づき農林水産大臣が定める定住等及び地域間交流の促進による農山漁村の活性化に関する基本的な方針（平成十九年八月二日付けで公表（官庁報告））第五の一にあるように、農林漁業は、農山漁村における基幹産業であり、その健全な発展を図ることが必要であることから、地域において定住等及び地域間交流の促進を図るための施設整備等を実施する際には、優良農地の確保に支障がないようにする必要があり、所有権の移転等を受ける土地が二ヘクタールを超える農用地であって、かつ、当該土地に係る所有権の移転等の内容が農地法第五条第一項本文に該当する場合を含む所有権移転等促進計画については、法第七条第三項第四号の要件に照らして適当でないことについて、都道府県知事は留意するものとする。

5　都道府県知事による承認を受けた所有権移転等促進計画については、法第八条第二項による通知が行われないため、当該承認が当該所有権移転等促進計画の効力発生前に最終的に都道府県知事によって確認する機会となるものであることから、当該所有権移転等促進計画の全体の内容が適切なものであることを確認する必要がある。

6　都道府県知事は、所有権移転等促進計画について承認しようとするときは、あらかじめ、都道府県農業会議の意見を聴かなければならないこととされているが（法第七条第五項）、これは農用地の適切な転用を行うという趣旨からされるものであることに留意する。

○農山漁村の活性化のための定住等及び地域間交流の促進に関する法律第十一条の規定に基づく市民農園整備促進法の特例に関する省令の制定について

〔平成十九年八月一日
一九農振第八一八号
国都公緑第九九号〕

農林水産省農村振興局長
国土交通省都市・地域整備局長から　各都道府県知事
各政令指定都市の長あて

農山漁村の活性化のための定住等及び地域間交流の促進に関する法律（平成十九年法律第四十八号。以下「法」という。）第十一条の規定に基づき制定した農山漁村の活性化のための定住等及び地域間交流の促進に関する法律第十一条の規定に基づく市民農園整備促進法の特例に関する省令（平成十九年農林水産省・国土交通省令第一号）について、地方自治法（昭和二十二年法律第六十七号）第二百四十五条の四第一項の規定に基づき、国の考え方、留意点等を示す技術的助言を定めたので、下記事項に留意の上、制度の円滑かつ適切な運用に特段の御配慮をお願いしたい。

また、都道府県知事におかれては、このことについては、追って貴管下市町村の長に周知願いたい。

記

第一　省令（特例）の趣旨

市民農園整備促進法（平成二年法律第四十四号。以下「市民農園法」という。）第七条においては、市民農園の整備を適正かつ円滑に推進するため、市民農園を開設しようとする者が市町村の認定を受けることができる制度が設けられている。このため、農山漁村の活性化のための定住等及び地域間交流の促進に関する法律（平成十九年法律第四十八号。以下「法」という。）第五条第一項に規定する活性化計画に位置付けられた市民農園の整備に関する事業についても、市民農園を開設しようとする農林漁業団体等（以下「農林漁業団体等」という。）は、当該活性化計画の作成後において、市民農園法第七条に基づく認定の申請をすることとなる。

しかしながら、当該申請時に記載が義務づけられている市民農園の用に供する農地の位置、面積や開設の時期等は、活性化計画への記載事項であり、市民農園の開設の認定に当たって、認定申請者（農林漁業団体等）に改めて同様の記載事項等を義務づけることは適当ではない。

このため、法第十一条に、法第五条第三項に規定する市民農園の整備に関する事業を実施する農林漁業団体等について、その実施する事業が法第五条第一項に規定する活性化計画に記載された場合には、その手続上の負担軽減を図る観点から、市民農園法第七条第一項に基づく認定の申請において、同項及び同条第二項の規定にかかわらず、簡略化された手続によることができる旨が規定されているところ、簡略化可能となる具体的な手続等については、農林水産省令・国土交通省令に委任されていることから、本省令を定めた。

第二 省略可能となる記載事項

都道府県又は市町村が、活性化計画に市民農園の整備に関する事項を記載する場合に、市民農園法第七条第一項に基づく市民農園開設の認定の申請において、省略可能となる記載事項は次に掲げる事項とする。

(1) 市民農園の用に供する農地の位置及び面積等（市民農園法第七条第二項第二号）

(2) 市民農園施設の位置及び規模その他の市民農園施設の整備に関する事項（市民農園法第七条第二項第三号）

(3) 市民農園の開設の時期（市民農園整備促進法施行規則（平成二年農林水産省・建設省令第一号）第十条第一号）

第三 留意事項

第二に掲げる記載事項の省略の他、市町村が活性化計画作成過程において、農林漁業団体等から市民農園整備促進法施行規則第九条第二項各号に掲げる図面を入手した場合、当該団体等が市民農園法第七条第一項の認定の申請に係る手続の際に、当該図面を提出したものとみなす手続簡略化を行うことが望ましい。

農山漁村の活性化のための定住等及び地域間交流の促進に関する法律第十一条の規定に基づく市民農園整備促進法の特例に関する省令の制定について

○農山漁村活性化プロジェクト支援交付金交付要綱の制定について

〔平成十九年三月三十日
一八企第三八一号〕

最終改正　平成二〇年四月一日一九企第二二七号

農山漁村活性化プロジェクト支援交付金交付要綱が別紙のとおり定められたので、了知の上、本交付金に係る施策の円滑かつ的確な実施に努められたい。

なお、貴管内県知事に対しては、貴職から通知されたい。

以上、命により通知する。

第一　通則

農林水産大臣は、農山漁村の活性化のための定住等及び地域間交流の促進に関する法律（平成十九年法律第四十八号。以下「法」という。）第六条第二項の規定に基づく交付金（以下「農山漁村活性化プロジェクト支援交付金」という。）の交付に関しては、補助金等に係る予算の執行の適正化に関する法律（昭和三十年法律第百七十九号。以下「適正化法」という。）、補助金等に係る予算の執行の適正化に関する法律施行令（昭和三十年政令第二百五十五号。以下「施行令」という。）、農林畜水産業関係補助金等交付規則（昭和三十一年農林省令第十八号。以下「規則」という。）及び平成十二年六月二十三日農林水産省告示第九百号（予算科目に係る補助金等の交付に関する事務について平成十二年度予算に係る補助金等の交付に関するものから沖縄総合事務局長に委任した件）に定めるもののほか、この要綱に定めるところによる。

第二　定義

第一に規定する農山漁村活性化プロジェクト支援交付金は、予算科目における農山漁村活性化対策整備交付金のうち農山漁村活性化プロジェクト支援整備交付金（以下「農山漁村活性化プロジェクト支援整備交付金」という。）及び農山漁村活性化対策推進交付金のうち農山漁村活性化プロジェクト支援推進交付金（以下「農山漁村活性化プロジェクト支援推進交付金」という。）をいう。

第三　交付額

農山漁村活性化プロジェクト支援交付金実施要綱（平成十九年八月一日付け一九企第百号農林水産事務次官依命通知。以下「実施要綱」という。）第四の一の(1)の交付対象事業別概要に定められた事業に要する経費及びこれに対する交付額算定交付率は、別表に定めるとおりとする。

第四　流用の禁止

別表中交付金種別の欄に掲げる農山漁村活性化プロジェクト支援整備交付金及び農山漁村活性化プロジェクト支援推進交付金を相互に流用してはならない。

第五　交付限度額

農山漁村活性化プロジェクト支援交付金の交付限度額は、実施要綱第六の二に規定する交付金の額の限度（農山漁村活性化プロジェクト支援交付金実施要領（平成十九年八月一日付け一九企第一〇一号農林水産省大臣官房長通知）第四の五に基づき交付限度額が変更された場合は、その交付限度額）とする。

第六　単年度交付額

農山漁村活性化プロジェクト支援交付金の年度ごとの交付額（以下「単年度交付額」という。）は、活性化計画ごとに、次に掲げる式により算出した額を超えない範囲とする。

単年度交付額＝交付対象事業ごとに「交付限度額×A－B」により算出した額の合計額

A　：農山漁村活性化プロジェクト支援交付金が交付される年度の年度末における交付対象事業の進ちょく率の見込み

B　：前年度末までに交付された農山漁村活性化プロジェクト支援交付金の総額

進ちょく率：交付対象事業の事業費に対する執行事業費の割合

2　農山漁村活性化プロジェクト支援交付金の交付後、進ちょく率に変更があった場合、農山漁村活性化プロジェクト支援交付金の目的に反しない限り、当該年度に交付されるべき金額と交付された金額との差額については、次年度以降に調整することができる。ただし、当該年度に交付された農山漁村活性化プロジェクト支援交付金の額が、当該年度における変更された執行予定事業費を超えない場合に限る。

第七　交付申請

適正化法第五条、施行令第三条及び規則第二条の規定による申請書の様式は、別記様式第一号のとおりとし、正副二部を農林水産大臣（沖縄県にあっては内閣府沖縄総合事務局長。以下「農林水産大臣等」という）に提出するものとする。

2　都道府県又は市町村は、前項の申請書を提出するに当たって、当該交付金に係る仕入れに係る消費税等相当額（交付対象経費に含まれる消費税及び地方消費税に相当する額のうち、消費税法（昭和六十三年法律第百八号）に規定する仕入れに係る消費税額として控除できる部分の金額と当該金額に地方税法（昭和二五年法律第二百二十六号）に規定する地方消費税率を乗じて得た金額との合計額に交付額算定交付率を乗じて得た金額をいう。以下同じ。）があり、かつ、その金額が明らかな場合には、これを減額して申請しなければならない。

ただし、申請時において当該交付金の仕入れに係る消費税等相当額が明らかでない場合については、この限りでない。

第八　交付申請書の提出期限

規則第二条の規定による申請書の提出は、農林水産大臣等が毎年度別に定める日までとする。

第九　交付申請の変更

都道府県又は市町村は、規則第三条第一号イ又はロの規定により農林水産大臣等の承認を受けようとする場合は、別記様式第二号による変更承認申請書正副二部を農林水産大臣等に提出しなければならない。

第十　軽微な変更

規則第三条第一号イ又はロの農林水産大臣が定める軽微な変更は、次に掲げる変更以外の変更とする。

(1)　事業主体の変更

(2)　事業メニューの新設又は廃止

第十一　事業遂行状況の報告

都道府県又は市町村は、規則第三条第二号の規定により農林水産大臣等の指示を求める場合には、事業が予定の期間内に完了しない理由又は事業の遂行が困難となった理由及び事業の遂行状況を記載した書類正副二部を農林水産大臣等に提出しなければならない。

第十二　事業遂行状況報告書の提出期限

適正化法第十二条の規定による報告は、交付金の交付の決定があった年度の各四半期（第四・四半期を除く。）の末日現在において、別記様式第三号により事業遂行状況報告書を作成し、正副二部を当該四半期の最終月の翌月末までに、農林水産大臣等に提出しなければならない。ただし、農林水産省大臣官房企画評価課長（沖縄県にあっては内閣府沖縄総合事務局長）が別に定める概算払請求書の提出をもって代えることができるものとする。

第十三　実績報告

規則第六条第一項の実績報告書の様式は、別記様式第四号のとおりとし、正副二部を農林水産大臣等に提出しなければならない。

2　第七第二項ただし書により交付の申請をした都道府県又は市町村は、前項の実績報告書を提出するに当たって、第七第二項ただし書に該当した各事業主体について当該交付金に係る仕入れに係る消費税等相当額が明らかになった場合には、これを交付金額から減額して報告しなければならない。

3　第七第二項ただし書により交付の申請をした都道府県又は市町村は、第一項の実績報告書を提出した後において、消費税及び地方消費税の申告により当該交付金に係る仕入れに係る消費税等相当額が確定した場合には、その金額（前項の規定により減額した各事業主体については、その金額が減じた額を上回る部分の金額）

を別記様式第五号により速やかに農林水産大臣等に報告するとともに、農林水産大臣等の返還命令を受けてこれを返還しなければならない。

第十四　財産の管理

施行令第十三条第四号及び第五号の規定に基づく農林水産大臣の定める財産は、それぞれ一件当たりの取得価額が五〇万円以上のものとする。

第十五　関係書類の保管

規則三条第四号に規定する帳簿及び証拠書類又は証拠物は、事業終了年度の翌年度から起算して五年間整備保管しておかなければならない。ただし、事業により取得し、又は効用の増加した財産で規則に定める処分制限期間を経過しない場合においては、別記様式第六号の財産管理台帳その他関係書類を整備保管しなければならない。

附　則

1　この要綱は、平成十九年四月一日から施行する。

2　元気な地域づくり交付金実施要綱（平成十七年四月一日付け一六農振第二三六四号農林水産事務次官依命通知）及び元気な地域づくり交付金交付要綱（平成十七年四月一日一六農振第二三六七号農林水産事務次官依命通知）（以下「元気な地域づくり交付金実施要綱等」という。）は廃止する。

3　この要綱の施行前に、元気な地域づくり交付金実施要綱等の規定に基づき実施され、この要綱の施行後も実施することを予定している事業については、元気な地域づくり交付金実施要綱等の規定は、なお効力を有する。

4　強い水産業づくり交付金実施要綱の一部改正（平成十九年三月二十九日付け一八水管第四〇八六号農林水産事務次官依命通知）による改正前の強い水産業づくり交付金実施要綱（平成十七年三月二十三日付け一六水港第三二三五号農林水産事務次官依命通知。以下「改正前実施要綱」という。）別表の3の(2)及び(3)の漁村コミュニティ基盤整備を行う事業のうち、この要綱の施行前に改正前実施要綱及び強い水産業づくり交付金交付要綱の一部改正（平成十九年三月二十九日付け一八水管第四〇八五号農林水産事務次官依命通知）による改正前の強い水産業づくり交付金交付要綱（平成十七年三月二十三日付け一六水港第三二三六号農林水産事務次官依命通知。以下「改正前交付要綱」という。）の規定に基づき実施され、この要綱の施行後も実施することを予定している事業については、改正前実施要綱及び改正前交付要綱の規定を適用する。

5　3の規定によりなおその効力を有することとされる元気な地域づくり交付金実施要綱等並びに前項の規定により適用される改正前実施要綱及び改正前交付要綱の規定に基づく交付金の交

付は、第一の規定の適用については、農山漁村活性化プロジェクト支援交付金交付要綱の一部改正（平成一九年八月一日付け一九企第一〇〇号農林水産事務次官依命通知）による改正前の農山漁村活性化プロジェクト支援交付金交付要綱（平成十九年三月三十日付け一八企第三八一号農林水産事務次官依命通知）の規定に基づき行われたものとみなす。

附　則

この要綱は、平成二十年四月一日から施行する。

別表

交付金種別	経　　　費	交付額算定交付率
1　農山漁村活性化プロジェクト支援整備交付金	(1)　事業費 ①　実施要綱の別表の(1)の生産基盤及び施設の整備に関する事業の実施に要する経費 ②　実施要綱の別表の(2)の生活環境施設の整備に関する事業の実施に要する経費 ③　実施要綱の別表の(3)の地域間交流拠点の整備に関する事業の実施に要する経費 ④　実施要綱の別表の(4)のその他省令で定める事業に関する事業（遊休農地解消支援を除く）の実施に要する経費 ⑤　実施要綱の別表の(5)の(1)から(4)の事業と一体となって実施する事業事務の実施に要する経費	実施要綱の別表の(1)に掲げる事業の交付額算定交付率（定額（定額、1/3、4/10、4.5/10、1/2、5.5/10、6/10、2/3、8/10）） 実施要綱の別表の(2)に掲げる事業の交付額算定交付率（定額（1/3、1/2、5.5/10、6/10、2/3、8/10）） 実施要綱の別表の(3)に掲げる事業の交付額算定交付率（定額（1/3、1/2、5.5/10、2/3）） 実施要綱の別表の(4)に掲げる事業の交付額算定交付率（定額（定額、1/3、4.5/10、1/2、5.2/10、5.5/10、6/10、2/3、8/10）） 一体となって実施する上記①から④の事業の交付率と同率。 ただし、農山漁村活性化施設整備附帯事業については定額（1/2（沖縄県は2/3））とする。
	(2)　附帯事務費 ①　都道府県附帯事務費 (1)の事業に係る事務であって、事業の実施及び指導監督等を行うものに要する経費 ②　市町村等附帯事務費 (1)の事業に係る事務であって、事業の実施及び指導監督等を行うものに要する経費	 1/2以内 1/2以内
2　農山漁村活性化プロジェクト支援推進交付金	①　実施要綱の別表の(4)に掲げる遊休農地解消支援の実施に要する経費 ②　実施要綱別表の(5)に掲げる創意工夫発揮事業の実施に要する経費	実施要綱の別表の(4)に掲げる遊休農地解消支援の交付額算定交付率 （定額（1/2以内）） 一体となって実施する上記の①の事業の交付額算定交付率と同率

別記様式第１号～第６号　（略）
別紙１～７　（略）

○農山漁村活性化プロジェクト支援交付金実施要綱の制定について

〔平成十九年八月一日
一九企第一〇〇号〕

農林水産事務次官から　各地方農政局長
内閣府沖縄総合事務局長あて

最終改正　平成二〇年四月一日一九企第二七四号

農山漁村活性化プロジェクト支援交付金実施要綱が別紙のとおり定められたので、了知の上、本交付金に係る施策の円滑かつ適切な実施に努められたい。

なお、貴管下の各都府県知事には別添のとおり通知済みであることを申し添える。

以上、命により通知する。

(施行注意)

1　下線部分について、関東農政局長あては各都県知事、近畿農政局長あては各府県知事、その他農政局長あては各県知事、沖縄総合事務局長あては沖縄県知事とする。なお、北海道知事あてに関しては通知先がないため除いた。

2　都府県知事あて施行文書の写しを添付する。

(別　添)

農林水産事務次官から　各都道府県知事あて

農山漁村活性化プロジェクト支援交付金実施要綱が別紙のとおり定められたので、御了知の上、本交付金に係る施策の円滑かつ適切な実施につき、御配慮をお願いする。

なお、貴管下市町村長に対しては貴職から通知願いたい。

以上、命により通知する。

(別　紙)

農山漁村活性化プロジェクト支援交付金実施要綱

第一　趣旨

農山漁村は、心豊かな暮らしと自然、文化、歴史を大切にする良き伝統を代々伝え、我が国にとってかけがえのない存在となっている。

しかし、少子高齢化等の急速な進行や所得の減少、都市部に比べて生活環境の整備が遅れていることなどから、地域としての活力の低下傾向が続いている。

このような中、近年の農山漁村に対する都市住民の関心の高まりを受け、家族の多様なニーズ等に応じたライフスタイルを実現するための手段の一つとして二地域居住を実践する者等、新しい形態で農山漁村と関わりを持つ者が増えはじめている。

これらを踏まえ、農山漁村における定住や二地域居住、都市との地域間交流を促進することにより、農山漁村の活性化を図るため、農山漁村の活性化のための定住等及び地域間交流の促進に関する法律（平成十九年法律第四十八号。以下「法」という。）が制定された。このことを受け、都道府県又は市町村が創意工夫を活かし、地域住民の合意形成を基礎として作成する活性化計画（法第五条第一項の活性化計画をいう。以下同じ。）に基づく取組を総合的かつ機動的に支援するため、農山漁村活性化プロジェクト支援交付金（以下「本交付金」という。）を交付する。

第二　事業の実施

本交付金による事業の実施については、法及び農山漁村の活性化のための定住等及び地域間交流の促進に関する法律施行規則（平成十九年農林水産省令第六十五号。以下「規則」という。）に定めるもののほか、この要綱に定めるところによるものとする。

第三　交付金の交付対象

一　交付対象事業

(1)　本交付金は、第一の趣旨を踏まえ、活性化計画の目標を達成するために実施される別表に掲げる事業等（他の法律又は予算制度に基づき国の負担又は補助を得て実施する事業等を除く。以下「交付対象事業」という。）に必要な経費に充当するものとする。

(2)　規則第一条の農林水産大臣の定める事業とは、別表の(4)に掲げる事業とする。

二　事業実施主体、要件及び交付額算定交付率

(1)　事業実施主体

一の交付対象事業を実施する者（以下「事業実施主体」という。）は、都道府県、市町村又は都道府県若しくは市町村からその経費の一部に対して補助を受けて交付対象事業を実施する農林漁業団体等（法第五条第三項に定める農林漁業団体等をいう。以下同じ。）であって、別表事業実施主体の欄に掲げるとおりとする。

(2)　要件及び交付額算定交付率

一の交付対象事業の実施要件及び交付額を算定するための交付率は、別表要件の欄及び交付額算定交付率の欄にそれぞれ掲げるとおりとする。

三　実施期間

交付対象事業の実施期間は、活性化計画の期間内であって、原則として、三年以内とする。ただし、農林水産省大臣官房長（以下「大臣官房長」という。）が別に定める場合は、この限りでない。

第四　活性化計画の添付書類等

一　活性化計画の添付書類の作成

(1)　法第五条第一項に基づき活性化計画を作成する都道府県又は市町村（以下「計画主体」という。）は、農山漁村活性化プロジェクト支援交付金を充てて交付対象事業を実施しようとするときは、活性化計画とあわせて規則第五条第一項第一号の図面のほか、規則第五条第一項第二号の交付金の額の限度を算定するために必要な資料として、大臣官房長が別に定める交付対象事業別概要及び事前点検シート（以下「添付書類」という。）を作成するものとする。

(2)　計画主体は、添付書類を作成するに当たって、整備する施設等の導入効果について、大臣官房長が別に定めるところにより費用対効果分析を行い、交付対象事業の実施に要する費用に対し、得ようとする効果が適切に得られるか否かを判断し、費用が過大とならないよう、効率性等を十分に検討するものとする。

(3)　計画主体は、法第五条第十項に基づく活性化計画の公表にあわせて、(1)の規定により作成した添付書類を公表するものとする。

(4)　計画主体は、法第六条第一項の規定により農林水産大臣に活性化計画を提出する場合においては、当該活性化計画に(1)の規定により作成した添付書類を添付するものとする。

(5)　法第六条第一項及び(4)の規定により農林水産大臣に提出する活性化計画及び添付書類は、沖縄県知事又は沖縄県の市町村長にあっては内閣府沖縄総合事務局長を経由して提出するものとする。

二　交付対象計画の決定

農林水産大臣は、法第六条第一項及び一の(4)の規定により活性化計画及び添付書類の提出があったときは、その内容を審査し、交付金の交付対象となる活性化計画の決定を行うものとする。

三　活性化計画及び交付対象事業別概要の変更

計画主体が、活性化計画及び交付対象事業別概要について大臣官房長が別に定める重要な変更を行う場合には、法第六条第一項に準じて変更後の活性化計画及び添付書類を農林水産大臣に提出しなければならない。この場合、一及び二の規定を準用する。

第五　交付対象事業の実施

一　毎年度の実施手続

(1)　計画主体は、交付対象事業の実施期間の間、毎年度、大臣官房長が別に定める年度別事業実施計画を作成し、これを農林水産大臣に提出するものとする。

(2)　(1)の規定により農林水産大臣に提出する年度別事業実施計

画は、沖縄県知事又は沖縄県の市町村長にあっては内閣府沖縄総合事務局長を経由して提出するものとする。

二　事業費の低減

計画主体及び事業実施主体は、地域の実情にかんがみ、過剰と見られるような施設等の整備を排除する等、徹底した事業費の低減に努めるものとする。

第六　助成

一　国の助成

国は、第四の二の規定により交付対象として決定された活性化計画に基づく事業の実施に要する経費に充てるため、計画主体に対し、毎年度、予算の範囲内で、交付金を交付することができる。

二　交付金の額の限度

規則第六条の算出された額とは、交付対象事業の事業費ごとに別表の交付額算定交付率を乗じた額の合計額とする。

第七　事業実施後の措置

一　施設等の適切な運営

計画主体は、交付対象事業の効果が十分に発現しているかどうかについて、的確に把握するものとする。施設等の利用状況等が三年間継続して低調である場合、計画主体は、その要因を分析し、計画主体が事業実施主体でない場合には、事業実施主体に対し施設等の運営方法や利用形態等の改善について指導し、必要に応じて、当該施設等の利用に係る計画の変更等の所要の手続を行うものとする。

二　完了報告

(1)　計画主体は、交付対象事業の全てが完了したときは、大臣官房長が別に定めるところにより、その旨を農林水産大臣に報告するものとする。

(2)　(1)の規定により、農林水産大臣に行う報告は、沖縄県知事又は沖縄県の市町村長にあっては内閣府沖縄総合事務局長を経由して報告するものとする。

第八　事後評価等

一　事後評価

交付対象事業に係る事後評価は、次に定めるところにより、当該活性化計画が終了する年度の翌年度に行うものとする。

(1)　計画主体は、交付対象事業別概要に定められた目標の達成状況等について評価を行い、評価内容の妥当性について学識経験者等第三者の意見を聴いた上で、その結果を公表するものとする。

(2)　計画主体は、(1)の規定により聴取した第三者の意見を付して、公表した評価を農林水産大臣に報告するものとする。

(3)　(2)の規定により、農林水産大臣に行う報告は、沖縄県知事又は沖縄県の市町村長にあっては内閣府沖縄総合事務局長を経由して報告するものとする。

(4) 農林水産大臣は、(2)の規定により評価の報告を受けたときは、その結果を踏まえて、翌年度以降の交付金の配分を適正に行うものとする。

二 改善計画

(1) 一の事後評価の結果、交付対象事業別概要に定められた目標の達成状況が低調である場合、計画主体は、その要因及び推進体制、施設の利用計画等の見直し等目標の達成に向けた方策を内容とする改善計画を作成し、改善計画の妥当性について学識経験者等第三者の意見を聴いた上で、公表するものとする（自然災害又は経済的・社会的事情の著しい変化等予測不能な事態の場合を除く。）。

(2) 計画主体は、(1)の規定により聴取した第三者の意見を付して、公表した改善計画を農林水産大臣に提出するものとする。

(3) (2)の規定により、農林水産大臣に提出する改善計画は、沖縄県知事又は沖縄県の市町村長にあっては内閣府沖縄総合事務局長を経由して提出するものとする。

(4) (2)の規定により提出を受けた農林水産大臣は、目標の達成が見込まれない計画主体に対して、重点的に指導、助言等を行うものとする。

第九 交付金の適正な執行の確保

一 計画主体は、事業実施主体による交付対象事業の実施について総括的な指導監督を行うとともに、必要に応じて、学識経験者等第三者、関係機関又は関係団体からの意見の聴取や地域における説明会等を通じて、活性化計画の推進体制を確立し、適正かつ円滑な交付対象事業の執行を確保するものとする。

二 国は、本交付金の実施について、総合的な推進体制を整備し、助言、指導その他の必要な援助を行うものとする。

三 国は、本交付金による事業の実施に必要な事項に関する調査等を行うことができるものとする。

四 国は、交付金による事業の適正な執行を確保するため、実施手続等について関係者以外の者の意見を聴取するものとする。

第十 委任

本交付金の実施は、この要綱に定めるもののほか、大臣官房長が別に定めるところによるものとする。

第十一 他の施策との連携

本交付金の実施に当たっては、次に掲げる施策との連携に配慮するものとする。

一 農林漁業再チャレンジ支援に関する施策

二 農林水産物の輸出の促進に関する施策

三 耕作放棄地解消対策の推進に関する施策

四　地域再生法（平成十七年法律第二十四号）第五条第一項に規定する地域再生計画に基づく施策

五　頑張る地方応援プログラムに基づく施策

第十二　災害等における緊急事業

災害等緊急に対応する必要がある事案が生じ、かつ、大臣官房長が特に必要と認める場合にあっては、この要綱の規定にかかわらず、大臣官房長が別に定めるところにより、緊急に事業を実施することができるものとする。

附　則

この通知は、平成二十年四月一日から施行する。

別　表

事業名	事業実施主体	要件	交付額算定交付率
(1)　生産基盤及び施設の整備（法第５条第２項第３号イ）			
基盤整備 生産機械施設 処理加工・集出荷貯蔵施設 新規就業者技術習得管理施設	都道府県、市町村、地方公共団体の一部事務組合、地方公共団体等が出資する法人、農業協同組合、農業協同組合連合会、土地改良区、土地改良区連合、土地改良事業団体連合会、土地改良法第95条第1項の規定により数人共同して土地改良事業を行う者、農地保有合理化法人（農業経営基盤強化促進法（昭和55年法律65号）第４条第２項に規定する農地保有合理化法人をいう。以下この別表において同じ。）、農業委員会、森林組合、生産森林組合、森林組合連合会、流域森林・林業活性化センター、漁業協同組合、漁業生産組合、漁業協同組合連合会、農林漁業者等の組織する団体、公益法人（民法（明治29年法律第89号）第34条の規定により設立された法人をいう。以下この別表において同じ。）、ＰＦＩ事業者（民間資金等の活用による公共施設等の整備等の促進に関する法律（平成11年法律第117号）第２条第５項に規定する選定事業者をいう。以下この別表において同じ。）、ＮＰＯ法人（特定非営利活動促進法（平成10年法律第７号）第２条第２項の規定による特定非営利活動法人をいう。以下この別表において同じ。）、その他農山漁村の活性化のための定住等及	農山漁村の活性化のための定住等及び地域間交流の促進に関する法律（平成19年法律第48号）第５条第２項第１号の活性化計画の区域（以下この別表において、単に「活性化計画の区域」という。）における定住等の促進に資するため、基幹産業である農林漁業の振興を図ることが必要であり、かつその振興に寄与すると認められること。	定額又は1/2（沖縄県は2/3） 上記に関わらず、奄美群島（奄美群島振興開発特別措置法（昭和29年法律第189号）第1条に規定する奄美群島をいう。以下この別表において同じ。）は6/10、次の(1)から(7)の要件のいずれかに該当する地域（以下この別表において、「六法指定地域等」という。）は5.5/10（沖縄県は8/10又は2/3）、4.5/10（沖縄県は2/3）、4/10（沖縄県は2/3）又は1/3（沖縄県は2/3又は1/3）とする。 (1)　山村振興法（昭和40年法律第64号）第７条第１項の規定に基づき指定された振興山村 (2)　過疎地域自立促進特別措置法（平成12年法律第15号）第２条第１項に規定する過疎地域（同法第33条第１項又は第

	び地域間交流の促進に関する法律施行規則（平成19年農林水産省令第65号）第３条第４号の規定に基づき計画主体が指定した者（以下この別表において、単に「計画主体が指定した者」という。）とし、農林水産省大臣官房長（以下この別表において、「大臣官房長」という。）が別に定める各事業メニューごとに大臣官房長が別に定めるものとする。		２項の規定により過疎地域とみなされる区域を含む。）の全部又は一部の地域 (3)　離島振興法（昭和28年法律第72号）第２条第１項の規定に基づき指定された離島振興対策実施地域の全部又は一部の地域 (4)　半島振興法（昭和60年法律第63号）第２条第１項の規定に基づき指定された半島振興対策実施地域の全部又は一部の地域 (5)　特定農山村地域における農林業等の活性化のための基盤整備の促進に関する法律（平成５年法律第72号）第２条第１項に規定する特定農山村地域 (6)　豪雪地帯対策特別措置法（昭和37年法律第73号）第２条第２項に規定する特別豪雪地帯 (7)　急傾斜地畑地帯（受益地域内の畑地における平均傾斜度が15度以上の地域をいう。）

			ただし、大臣官房長が別に定める各事業メニューごとに大臣官房長が別に定めるものとする。
(2) 生活環境施設の整備（法第５条第２項第３号ロ）			
情報通信基盤施設 簡易給排水施設 防災安全施設 農山漁村定住促進施設	都道府県、市町村、地方公共団体の一部事務組合、地方公共団体等が出資する法人、農業協同組合、農業協同組合連合会、土地改良区、土地改良区連合、土地改良法第95条第1項の規定により数人共同して土地改良事業を行う者、農地保有合理化法人（市町村又は農業協同組合たる農地保有合理化法人を除く。）、農業委員会、森林組合、森林組合連合会、水産業協同組合（水産業協同組合法（昭和23年法律第242号）第２条に規定する水産業協同組合をいう。以下この別表において同じ。）、農林漁業者等の組織する団体、中小企業等協同組合（中小企業等共同組合法（昭和24年法律第181号）第３条に規定する中小企業等共同組合をいう。以下この別表において同じ。）、公益法人、ＰＦＩ事業者、ＮＰＯ法人、その他計画主体が指定した者とし、大臣官房長が別に定める各事業メニューごとに大臣官房長が別に定めるものとする。	活性化計画の区域における定住等の促進のため、集落における生活環境施設の整備が必要であると認められること。	1/2（沖縄県は2/3） 上記に関わらず、奄美群島は６/10、情報通信基盤施設は１/３、六法指定地域等は5.5/10（沖縄県は8/10又は2/3）とする。 ただし、大臣官房長が別に定める各事業メニューごとに大臣官房長が別に定めるものとする。
(3) 地域間交流拠点の整備（法第５条第２項第３号ハ）			

地域資源活用総合交流促進施設 農林漁業体験施設 自然環境等活用交流学習施設	都道府県、市町村、特別区、地方公共団体の組合、地方公共団体等が出資する法人、農業協同組合、農業協同組合連合会、土地改良区、農地保有合理化法人、農業委員会、森林組合、生産森林組合、森林組合連合会、流域森林・林業活性化センター、水産業協同組合、農林漁業者等の組織する団体、中小企業等協同組合、公益法人、教育委員会、ＰＦＩ事業者、ＮＰＯ法人、受入地域協議会（市町村のほか、農林漁家民宿、民泊の受入れを行う農林漁家等で組織する協議会とする。）、その他計画主体が指定した者とし、大臣官房長が別に定める各事業メニューごとに大臣官房長が別に定めるものとする。	活性化計画の区域における農山漁村と都市との地域間交流を促進するため、地域間交流の拠点となる施設の整備が必要であると認められること。	1/2（沖縄県は2/3又は1/2） 上記に関わらず、六法指定地域等は5.5/10（沖縄県は2/3）又は1/3とする。 ただし、大臣官房長が別に定める各事業メニューごとに大臣官房長が別に定めるものとする。
(4)　その他省令で定める事業（法第５条第２項第３号ニ）			
遊休農地解消支援 総合鳥獣被害防止施設 地域資源活用起業支援施設 地域資源循環活用施設 地域住民活動支援促進施設 土地利用調整	都道府県、市町村、地方公共団体の一部事務組合、農業協同組合、農業協同組合連合会、土地改良区、土地改良事業団体連合会、土地改良法第95条第1項の規定により数人共同して土地改良事業を行う者、農地保有合理化法人、農業委員会、都道府県農業会議、森林組合、生産森林組合、森林組合連合会、流域森林・林業活性化センター、水産業協同組合、農林漁業者等の組織する団体、地方公共団体等が出資する法人、中小企業等協同組合、公益法人、ＰＦＩ事業者、ＮＰＯ法人、その他計画主体が指定した者とし、大臣官房長が別に定める各事業メニューごとに大臣官房長が別に定めるものとする。	活性化計画の区域における定住等及び農山漁村と都市との地域間交流を促進するため、資源の有効な利用を確保等するための施設の整備が必要であると認められること。	定額又は1/2（沖縄県は8/10又は2/3） 上記に関わらず、奄美群島は6/10又は5.2/10、六法指定地域等は5.5/10、4.5/10（沖縄県は8/10又は2/3）又は1/3とする。 ただし、大臣官房長が別に定める各事業メニューごとに大臣官房長が別に定めるものとする。

農地等補完保全整備			
景観・生態系保全整備			
(5)　(1)から(4)の事業と一体となって実施する事業事務（法第5条第2項第4号）			
創意工夫発揮事業 農山漁村活性化施設整備附帯事業	—	活性化計画の区域における定住等及び農山漁村と都市との地域間交流を促進するため、(1)から(4)の事業と一体となって、その効果を増大させるため実施する必要があると認められること。	一体となって実施する(1)から(4)の事業の交付率と同率とする。 ただし、農山漁村活性化施設整備附帯事業は、1/2（沖縄県は2/3）とする。

○農山漁村活性化プロジェクト支援交付金実施要領の制定について

〔平成十九年八月一日 一九企第一〇一号〕

（農林水産省）（注1）大臣官房長から 各地方農政局長 内閣府沖縄総合事務局長あて

最終改正 平成二〇年四月一日 一九企第二七五号

農山漁村活性化プロジェクト支援交付金については、農山漁村活性化プロジェクト支援交付金実施要綱（平成十九年八月一日付け一九企第一〇〇号農林水産事務次官依命通知）が制定されたところであるが、この実施に当たり、別紙のとおり農山漁村活性化プロジェクト支援交付金実施要領を定めたので、御了知の上、本交付金に係る施策の円滑かつ適切な実施に努められたい。

なお、貴管下の各都府県知事（注2）には別添のとおり通知済みであることを申し添える。

（施行注意）

1 括弧書き（注1）は各地方農政局長あてには記載しない。

2 下線部分（注2）は、関東農政局長あては各都県知事、近畿農政局長あては各府県知事、その他農政局長あては各県知事、沖縄総合事務局長あては沖縄県知事とする。なお、北海道知事あてに関しては通知先がないため除いた。

3 都府県知事あて施行文書の写しを添付する。

（別　添）

農林水産省大臣官房長から 各都道府県知事あて

農山漁村活性化プロジェクト支援交付金については、農山漁村活性化プロジェクト支援交付金実施要綱（平成十九年八月一日付け一九企第一〇〇号農林水産事務次官依命通知）が制定されたところであるが、この実施に当たり、別紙のとおり農山漁村活性化プロジェクト支援交付金実施要領を定めたので、御了知の上、本交付金に係る施策の円滑かつ適切な実施につき、御配慮をお願いする。

なお、貴管下市町村長に対しては貴職から通知願いたい。

（別　紙）

農山漁村活性化プロジェクト支援交付金実施要領

第一　趣旨

農山漁村活性化プロジェクト支援交付金の実施については、農山漁村活性化プロジェクト支援交付金実施要綱（平成十九年八月一日付け一九企第一〇〇号農林水産事務次官依命通知。以下「実施要綱」という。）によるほか、この要領に定めるところによるものとする。

第二　事業メニューごとの事業実施主体、要件及び交付額算定交付率

実施要綱別表の事業実施主体及び交付額算定交付率の欄中大臣官房長が別に定める事業実施主体及び交付額算定交付率並びに事業メニューごとの要件については、別表のとおりとする。

第三　実施期間

一　実施要綱第三の三の大臣官房長が別に定める場合とは、基盤整備等三年以上に及ぶ交付対象事業の実施、社会情勢の変化や災害等不測の事態の発生による期間延長等を考慮し、五年間を限度として実施することができるものとする。

二　実施要綱第三の三の実施期間の計算は、年度単位で計算するものとし、実施要綱第四の二の交付対象計画の決定がされた年度の三月末をもって最初の年度が経過したものとみなす。

第四　活性化計画の添付書類等

一　交付対象事業別概要及び事前点検シート

(1)　実施要綱第四の一の(1)の規定による交付対象事業別概要は、活性化計画が単なる交付対象事業の実施を目的とするものではなく、地域の創意工夫を活かし、関係農林漁業者をはじめとした地域住民等の合意形成を基礎として、交付対象事業の実施を契機とした地域の活性化を目指すことを踏まえ、次に掲げる事項を定めるものとし、第十一の一の農山漁村活性化プロジェクト支援交付金交付対象事業別概要（参考様式1）により作成するものとする。

ア　活性化計画の目標のうち交付対象事業により達成される目標（以下「事業活用活性化計画目標」という。）

イ　事業活用活性化計画目標設定の考え方

ウ　交付対象事業の内容

エ　その他必要な事項

(2)　(1)のアの事業活用活性化計画目標は、別紙に定める項目のうち、一つ以上のものを設定しなければならない。

(3)　実施要綱第四の一の(1)の規定による事前点検シートは、活性化計画の内容及び交付対象事業の適切性について、計画主体自ら点検の上、第十一の二の事前点検シート（参考様式2）により作成するものとする。

二　公表

実施要綱第四の一の(3)の計画主体による公表は、関係都道府県又は市町村での縦覧、インターネットのウェブサイト又は広報誌への掲載等により行うものとする。

三　活性化計画及び添付書類の審査基準

実施要綱第四の二の農林水産大臣が行う活性化計画及び添付

書類の内容の審査は、以下の基準により行うものとする。

(1) 活性化計画の目標及び事業活用活性化計画目標が、適切に設定されていること。

(2) 交付対象事業の総合的な実施が、活性化計画の目標及び事業活用活性化計画目標の達成に資すると認められること。

四 交付対象計画の決定

(1) 実施要綱第四の二の農林水産大臣が行う交付金の交付対象となる活性化計画の決定は、三の審査基準を満たしているもののうち、別に定めるところにより、活性化計画ごとに事業活用活性化計画目標の水準等に応じ順位付けをし、当該年度の予算の範囲内で交付対象となる活性化計画の決定を行い、その旨を計画主体に対して通知するものとする。

(2) (1)の交付対象となる活性化計画の決定の通知を受けた計画主体は、遅滞なく、都道府県にあっては関係市町村（都道府県と共同して当該活性化計画を作成した市町村を除く。）に、市町村（都道府県と共同して当該活性化計画を作成した市町村を除く。）にあっては都道府県に、その旨を通知するものとする。

五 活性化計画及び交付対象事業別概要の変更

実施要綱第四の三の重要な変更とは、活性化計画の区域の変更、活性化計画の目標及び事業活用活性化計画目標の変更、廃止及び追加（活性化計画の目標にあっては、事業活用活性化計画目標の変更等を伴わない場合を除く。）並びに交付限度額（実施要綱第六の二の交付金の額の限度をいう。以下同じ。）の増加とする。

第五 年度別事業実施計画

実施要綱第五の一の年度別事業実施計画は、第十一の三の農山漁村活性化プロジェクト支援交付金年度別事業実施計画（参考様式3）により、交付対象事業の実施期間の間、各年度の前年度の二月十五日までに提出するものとする。

第六 助成

一 経費の配分及び調整

計画主体は、交付限度額の範囲内で、交付対象別事業概要に掲げられた交付対象事業間で、経費の配分及び調整を行うことができるものとする。

二 創意工夫発揮事業

(1) 実施要綱別表事業名の欄中創意工夫発揮事業は、同表(1)から(4)に掲げられた事業と一体となって活性化計画の目標及び事業活用活性化計画目標の達成に真に必要な事業とするものとする。

(2) 創意工夫発揮事業に係る交付限度額は、当該年度における都道府県ごとの活性化計画に係る交付限度額の合計の二割を上限とするものとする。

三　農山漁村活性化施設整備附帯事業

(1)　実施要綱別表事業名の欄中農山漁村活性化施設整備附帯事業は、同表(1)から(4)に掲げられた事業（別表の1の事業メニューの欄中遊休農地解消支援を除く。）及び創意工夫発揮事業の効率的かつ円滑な実施を図るために必要となる企画、調整及び調査活動並びに実践的知識及び技術の習得活動等に必要な事務とするものとする。

(2)　農山漁村活性化施設整備附帯事業に係る交付限度額は、当該年度における都道府県ごとの活性化計画に係る交付限度額の合計（別表の1の事業メニューの欄中遊休農地解消支援に係る額を除く。）の一割を上限とするものとする。

第七　事業実施後の措置

一　施設等の適切な運営

実施要綱第七の一の低調である場合とは、施設等の利用計画に対する利用実績等が七〇%未満であるものとする。

二　完了報告

実施要綱第七の二の完了報告は、第十一の四の農山漁村活性化プロジェクト支援交付金完了報告書（参考様式4）により、活性化計画に位置づけられた交付対象事業の全てが完了した年度の翌年度の六月十日までに行うものとする。

第八　事後評価等

一　事後評価

実施要綱第八の一の(2)の評価の報告は、第十一の五の事業活用活性化計画目標評価報告書（参考様式5）により、活性化計画の計画期間が終了した年度の翌年度の九月末までに行うものとする。

二　中間点検

四年間以上の期間が設定された活性化計画については、計画期間の三年度目の年度末に事業活用活性化計画目標の達成状況の中間点検を行うよう努めるものとする。

三　改善計画

(1)　実施要綱第八の二の(1)の目標の達成状況が低調である場合とは、事業活用活性化計画目標の達成率が七〇%未満であるものとする。

(2)　実施要綱第八の二の(4)の目標の達成が見込まれない計画主体とは、事業活用活性化計画目標の達成率が五〇%未満である場合をいうものとする。

(3)　実施要綱第八の二の(4)の重点的な指導、助言等によっても事業活用活性化計画目標の達成に向けた改善がみられない計画主体については、農林水産大臣は、改善が見込まれるまでの間、当該計画主体の他の活性化計画に対する交付金の交付を見合わせることとする（自然災害又は経済的・社会的事情の著しい変化等予測不能な事態の場合を除く。）。

四　公表

実施要綱第八の一の⑴の評価結果及び同要綱第八の二の⑴の改善計画の公表は、第四の二と同様の方法により行うものとする。

第九　国の推進体制等

実施要綱第九の二の国における総合的な推進体制を整備するために、地方農政局及び内閣府沖縄総合事務局は、本交付金の効率的かつ効果的な実施に関する助言その他必要な援助に対応するための体制を確立するものとする。

第十　交付金交付決定前の着工

一　交付対象事業の着工（機械の発注を含む。）は、原則として、国からの交付金交付決定通知を受けて行うものとするが、当該年度において、やむを得ない事情により、交付金交付決定の前に着工する必要がある場合には、その理由を具体的に明記した第十一の六の農山漁村活性化プロジェクト支援交付金交付決定前着工届（参考様式6。以下「交付決定前着工届」という。）をあらかじめ事業実施主体（計画主体である事業実施主体を除く。）から計画主体あてに提出するものとする。

二　一により提出を受けた計画主体（都道府県又は市町村が共同して活性化計画を作成している場合はそのいずれかの都道府県又は市町村）又は計画主体である事業実施主体は、交付金交付決定前に着工を行う必要性を検討の上、農林水産大臣に交付決定前着工届を提出するものとする。

三　二の規定により、農林水産大臣に提出する交付決定前着工届は、沖縄県知事又は沖縄県の市町村長にあっては内閣府沖縄総合事務局長を経由して提出するものとする。

第十一　計画書等の様式

次に掲げる計画書等の様式は、次のとおりとする。

一　農山漁村活性化プロジェクト支援交付金交付対象事業別概要（参考様式1）

二　事前点検シート（参考様式2）

三　農山漁村活性化プロジェクト支援交付金年度別事業実施計画（参考様式3）

四　農山漁村活性化プロジェクト支援交付金完了報告書（参考様式4）

五　事業活用活性化計画目標評価報告書（参考様式5）

六　農山漁村活性化プロジェクト支援交付金交付決定前着工届（参考様式6）

附　則

この通知は、平成二十年四月一日から施行する。

事業活用活性化計画目標について

農山漁村活性化プロジェクト支援交付金実施要領の第四の一の(2)の事業活用活性化計画目標の項目は以下のとおりとする。

（別紙）

・定住人口の確保
・交流人口の増加
・滞在者数及び宿泊者数の増加
・地域産物の販売額の増加
・地域産物の販売量の増加
・定住等の促進に資する遊休農地の解消
・定住等の促進に資する担い手への農地利用集積
・定住等の促進に資する農業用用排水施設等の機能の確保
・定住等の促進に資する基盤整備の円滑化
・定住等の促進に資する農用地の集団化
・地域における情報受発信量の増加
・農山漁村景観を活かした取組の増加
・自然環境の保全・再生に向けた取組の増加
・定住者又は来訪者の安全確保

別　表

1　事業メニューごとの実施要件

事業名	事業メニュー	要件類別							
(1)　生産基盤及び施設の整備（法第5条第2項第3号イ）									
基盤整備	①農業用用排水施設	7							
	②農業用道路	7							
	③暗きょ排水	7							
	④客土	7							
	⑤区画整理	7							
	⑥農地造成	7							
	⑦交換分合	7							
	⑧農用地保全	7							
	⑨土地改良施設保全	8							
	⑩農業集落道	5	8	12	24	25			
	⑪連絡農道	15	23						
	⑫農業経営高度化等支援	9							
	⑬地形図作成	10							
	⑭農用地等集団化	11							
	⑮農地情報整備	14							

	⑯林道・作業道	17							
生産機械施設	⑰新規作物導入支援施設	16							
	⑱育苗施設	16							
	⑲農林水産物運搬施設	16							
	⑳営農飲雑用水施設	8	16						
	㉑高生産性農業用機械施設	16							
	㉒農業経営改善安定機械施設	16							
	㉓農林業基盤整備用機械	6	16						
	㉔林業機械施設	18							
	㉕特用林産物生産施設	18							
	㉖種苗生産・蓄養殖施設	19							
処理加工・集出荷貯蔵施設	㉗農林水産物処理加工施設	16							
	㉘乾燥調製貯蔵施設	16							
	㉙農林水産物集出荷貯蔵施設	16	19						
新規就業者技術習得管理施設	㉚新規就農者技術習得管理施設	16							
	㉛林業技術研修施設	27							
(2)　生活環境施設の整備（法第５条第２項第３号ロ）									
情報通信基盤施設	㉜情報通信基盤施設	4	30						
簡易給排水施設	㉝簡易給水施設	5	25						

	㉞簡易排水施設	5	25	30					
	㉟飲雑用水施設	12	24	30					
防災安全施設	㊱防災安全施設	8	12	24	30				
農山漁村定住促進施設	㊱の２農山漁村定住促進施設	31							
(3)　地域間交流拠点の整備（法第５条第２項第３号ハ）									
地域資源活用総合交流促進施設	㊲都市農山漁村総合交流促進施設	5	21	27	30				
	㊳廃校・廃屋等改修交流施設	5	23	27	30				
	㊳の２受入機能強化施設	5							
	㊴交流活動基盤施設	12	24						
	㊵木材利活用促進施設	18	29						
	㊶農林水産物直売・食材提供供給施設	16	28	30					
	㊷地域資源活用交流促進施設	21	30						
農林漁業体験施設	㊸農林漁業体験施設	5	6	12	21	24	27	28	30
自然環境等活用交流学習施設	㊹農山漁村体験施設	21	27	28	30				
	㊺自然環境保全・活用施設	5	12	23	24	27	28	30	
	㊺の２宿泊体験活動受入拠点施設	5							
	㊻教養文化・知識習得施設	22	27	28	30				
(4)　その他省令で定める事業（法第５条第２項第３号ニ）									
遊休農地解消支援	㊼遊休農地解消支援	1	2						

総合鳥獣被害防止施設	㊽総合鳥獣被害防止施設	6	12	23	24				
地域資源活用起業支援施設	㊾地域資源活用起業支援施設	20	30						
地域資源循環活用施設	㊿リサイクル施設	16	27	30					
	51自然・資源活用施設	16	27	30					
地域住民活動支援促進施設	52高齢者・女性等地域住民活動・生活支援促進機械施設	26	27	30					
	53健康管理等情報連絡施設	26							
	54船舶離発着施設	30							
土地利用調整	55土地利用調整	11							
農地等補完保全整備	56畑地振興追加補完整備	13							
	57小規模農林地等保全整備	3	6	8	12	15	23	24	
景観・生態系保全整備	58景観・生態系保全整備	3	12	24	27	30			

2　要件類別

要件類別	事業実施主体	交付額算定交付率	要件
1	都道府県、都道府県農業会議又はＮＰＯ法人（特定非営利活動促進法（平成10年法律第７号）第２条第２項の規定による特定非営利活動法人をいう。以下この別表において同じ。）	1/2	都道府県内の市町村又は団体等において別表の１の事業メニュー欄の㊼の遊休農地解消支援及び同表の１の要件類別欄に６が掲げられている事業メニュー欄の事業のいずれかが実施され、又は実施されると見込まれること。
2	市町村、農業協同組合、森林組合、地方公共団体等が出資する法人（大臣官房長が別に定める基準に該当するものとする。以下この別表において同じ。）、農業委員会又はＮＰＯ法人	1/2	1　遊休農地（統計法（昭和22年法律第18号）、統計法施行令（昭和24年政令第130号）及び農林業センサス規則（昭和44年農林省令第39号）に基づいて行われている農業センサスで用いている耕地（農作物の栽培を目的とする土地をいう。）のうち、過去１年間以上作物を栽培せず、かつ、今後数年の間に再び耕作を行う明示的な意思のない土地として耕作放棄地に分類されている耕地をいう。以下この別表において同じ。）の解消を通じて農地の有効利用及び地域振興が図られること。 2　その他大臣官房長が別に定める要件に該当するものであること。
3	市町村、土地改良区、農業協同組合又は農林漁業者等の組織する団体（大臣官房長が別に定める基準に該当するものとする。以下この別表において同じ。）（法人に限る。）	1/2 （沖縄県は2/3以内、奄美群島（奄美群島振興開発特別措置法（昭和29年法律第189号）第１条に規定する奄美群島をいう。以下この別表において同じ。）は5.2/10以内）	1　良好な景観形成に積極的に取り組んでいる地域であること。 2　学識経験者等による美の田園復興審査委員会（美の田園復興推進事業委託による美の田園復興審査委員会をいう。）の事前評価を受けていること。 3　その他大臣官房長が別に定める要件に該当するものであること。

4	都道府県、市町村、地方公共団体の一部事務組合又は農業協同組合	1/3	1　施策の実施区域が農業振興地域（農業振興地域の整備に関する法律（昭和44年法律第58号）第６条第１項の規定に基づき指定された農業振興地域をいう。以下この別表において同じ。）の区域及びこれと一体的に整備することを相当とする農業振興地域以外の区域であること。 2　事業を行おうとする区域内において、他の事業実施主体による高速インターネットのサービスが行われていない区域を有すること。 3　その他大臣官房長が別に定める要件に該当するものであること。
5	市町村、農業協同組合、農業協同組合連合会、森林組合、森林組合連合会、漁業協同組合、漁業協同組合連合会、農林漁業者等の組織する団体、地方公共団体等が出資する法人、ＰＦＩ事業者（民間資金等の活用による公共施設等の整備等の促進に関する法律（平成11年法律第117号）第２条第５項の選定事業者をいう。以下この別表において同じ。）又はＮＰＯ法人（大臣官房長が別に定める基準に該当するものに限る。） ただし、大臣官房長が別に定める場合にあっては、その定めるところによるものとする。	1/2（沖縄県は、2/3） ただし、ＮＰＯ法人が事業実施主体である場合にあっては、大臣官房長が別に定める率。	1　農山漁村滞在型余暇活動のための基盤整備の促進に関する法律（平成6年法律第46号）第５条第１項に規定する市町村計画（交付対象計画の決定がなされた年度内に作成されることが確実に見込まれるものを含む。）に定める整備地区の区域であること。ただし、大臣官房長が別に定める場合はこの限りではない。 2　別表の１の事業メニュー欄の㉝の簡易給水施設、㉞の簡易排水施設、㊳の２の受入機能強化施設及び㊺の２の宿泊体験活動受入拠点施設の整備については、大臣官房長が別に定める要件に該当するものであること。

6	市町村、土地改良区、農業協同組合、農地保有合理化法人（農業経営基盤強化促進法（昭和55年法律第65号）第4条第2項に規定する農地保有合理化法人をいう。以下この別表において同じ。）、地方公共団体等が出資する法人又は農林漁業者等の組織する団体 ただし、大臣官房長が別に定める場合にあっては、その定めるところによるものとする。	1/2 （沖縄県は2/3） ただし、事業メニュー欄の㊲の小規模農林地等保全整備のうち大臣官房長が別に定めるものについては定額	1　遊休農地の解消を通じて農地の有効利用及び地域振興が図られること。 2　受益地は、農業振興地域のうちの農用地区域（農業振興地域の整備に関する法律第8条第2項第1号に規定する農用地区域をいう。）とし、遊休農地のほか、これと一体的に整備することが必要な隣接農地を含むこととする。ただし、市民農園の整備、教育ファームの整備等その整備が農業生産を主たる目的としない場合は、この限りでない。 3　別表の1の事業メニュー欄の㊽の総合鳥獣被害防止施設については、同表の1の要件類別欄に6が掲げられている事業メニュー欄の事業（事業メニュー欄の㊽の総合鳥獣被害防止施設を除く。）のいずれかと一体的に実施するものに限る。 4　その他大臣官房長が別に定める要件に該当するものであること。
7	市町村、土地改良区、農業協同組合、農業協同組合連合会、土地改良区連合、農地保有合理化法人（市町村又は農業協同組合たる農地保有合理化法人を除く。）、農業委員会又は土地改良法第95条第1項の規定により数人共同して土地改良事業を行う者	1/2 （次の(1)から(7)の要件のいずれかに該当する地域（以下この別表において「六法指定地域等」という。）は5.5/10、沖縄県は8/10、奄美群島は6/10） (1)　山村振興法（昭和40年法律第64号）第7条第1項の	土地改良法（昭和24年法律第195号）、土地改良法施行令（昭和24年政令第295号）、土地改良法施行規則（昭和24年農林省令第75号）その他の法令に定めるもののほか、次のいずれかの要件を満たすとともに、大臣官房長が別に定める要件に該当するものであること。なお、2の要件による本要件類別に該当する事業に係る交付対象計画の決定は、平成21年度までとする。 1　別表の1の事業メニュー欄の①の農業用用排水施設、②の農業用道路、③の暗きょ排水、④の客土、⑤の区画

		規定に基づき指定された振興山村（以下この別表において単に「振興山村地域」という。） (2)　過疎地域自立促進特別措置法(平成12年法律第15号)第2条第1項に規定する過疎地域（同法第33条第1項又は第2項の規定により過疎地域とみなされる区域を含む。）の全部又は一部の地域（以下この別表において単に「過疎地域」という。） (3)　離島振興法（昭和28年法律第72号）第2条第1項の規定に基づき指定された離島振興対策実施地域の全部又は一部の地域（以下この別表において単に「離島地域」という。） (4)　半島振興法（昭和60年法律第63号）第2条第1項の規定に基づき指定された半島振興対策実施地域の全部又は一部の地域（以下この別表において単に「半島地	整理のいずれか、又はこれらのうち二以上を併せ行う事業であって、これらの受益面積の合計がおおむね5ha以上であり、かつ、担い手（大臣官房長が別に定める基準に適合する農業者又は農業者の組織する団体をいう。以下この別表において同じ。）への農地利用集積等又は農業用用排水施設等の整備・保全が見込まれること。 2　地域水田農業ビジョン（米政策改革基本要綱（平成15年7月4日付け15総合第1604号農林水産事務次官依命通知）第Ⅰ部の第5に基づき作成する地域の水田農業全体のビジョンをいう。以下この別表において同じ。）に即して、事業メニュー欄の①の農業用用排水施設、③の暗きょ排水、④の客土、⑥の農地造成、⑧の農用地保全のいずれか又はこれらのうち二以上を併せ行う事業であって、これらの受益面積の合計がおおむね5ha以上であること。 　ただし、地域水田農業ビジョンに即して、事業メニュー欄の③の暗きょ排水、④の客土及び⑧の農用地保全のいずれか又はこれらのうち二以上を併せ行う事業であって、これらの受益面積の合計がおおむね5ha未満であるもののうち、その受益地に係る一定団地（受益地と一体的に営農がなされている農地をいう。以下この別表において同じ。）の農地面積が5ha以上であって、当該一定団地に係る農地面積に占める担い手の経営等農用地面積の割合（以下この別表において「担い手農地利用集積率」という。）が25％以上であり、かつ、当該事業の実施により、これらの担い手への農用地の利用集積が次のとお

		域」という。） (5) 特定農山村地域における農林業等の活性化のための基盤整備の促進に関する法律（平成５年法律第72号）第２条第１項に規定する特定農山村地域（以下この別表において単に「特定農山村地域」という。） (6) 豪雪地帯対策特別措置法（昭和37年法律第73号）第２条第２項に規定する特別豪雪地帯（以下この別表において単に「特別豪雪地帯」という。） (7) 急傾斜地畑地帯（受益地域内の畑地における平均傾斜度が15度以上の地域をいう。以下この別表において同じ。）	り増加する場合は、この限りでない。 ① 交付対象計画の決定（実施要綱第４の２の交付金の交付対象となる活性化計画の決定をいう。以下この別表において同じ。）時における担い手農地利用集積率が25％以上50％未満の場合にあっては、10ポイント以上増加すること。 ② 交付対象計画の決定時50％以上55％未満の場合にあっては、60％以上となること。 ③ 交付対象計画の決定時55％以上90％未満の場合にあっては、５ポイント以上増加すること。 ④ 交付対象計画の決定時90％以上95％未満の場合にあっては、95％以上となること。 ⑤ 交付対象計画の決定時95％以上の場合にあっては、担い手への利用集積が図られること。 3 事業メニュー欄の①の農業用用排水施設、②の農業用道路、③の暗きょ排水、④の客土、⑤の区画整理、⑥の農地造成及び⑧の農用地保全のいずれか又はこれらのうち二以上を併せ行う事業であって、これらの受益面積の合計又は受益地に係る一定団地の農地面積が５ha以上であり、受益面積に占める耕作放棄地等（大臣官房長が別に定める農地をいう。以下本要件類別欄において同じ。）の面積の合計面積の割合が６％以上（ただし、担い手農地利用集積率が交付対象計画の決定時において50％以上の場合にあっては、３％以上）となり、かつ、交付対象計画期間中にそれらの耕作放棄地等の活用が見込まれること。

			4　事業メニュー欄の②の農業用道路、⑤の区画整理、⑥の農地造成、⑦の交換分合及び⑧の農用地保全にあっては、上記1から3までによるほか、②の農業用道路及び⑤の区画整理にあっては2により行う事業、⑥の農地造成及び⑧の農用地保全にあっては1により行う事業、⑦の交換分合にあっては、1、2又は3により行う事業と併せ行うこと。
8	市町村、土地改良区、農業協同組合、農業協同組合連合会、土地改良区連合、農地保有合理化法人（市町村又は農業協同組合たる農地保有合理化法人を除く。）、農業委員会又は土地改良法第95条第1項の規定により数人共同して土地改良事業を行う者 　ただし、大臣官房長が別に定める場合にあっては、その定めるところによるものとする。	1/2 （六法指定地域等は5.5/10、沖縄県は8/10、奄美群島は6/10）	以下のいずれかの要件を満たすとともに、大臣官房長が別に定める要件に該当するものであること。 1　別表の1の事業メニュー欄の⑩の農業集落道、⑳の営農飲雑用水施設及び㊱の防災安全施設にあっては、要件類別欄の7の要件欄の1、2又は3により行う事業と併せ行うこと。 2　事業メニュー欄の⑨の土地改良施設保全のうち大臣官房長が別に定めるものについては受益面積がおおむね5ha以上であること。ただし、次の場合は、この限りでない。 ア　要件類別欄の7の要件欄の1により行う事業と併せ行うものであって、これらの受益面積の合計がおおむね5ha以上であり、かつ、担い手への農地利用集積等又は農業用用排水施設等の整備・保全が見込まれる場合 イ　要件類別欄の7の要件欄の3により行う事業と併せ行うものであって、これらの受益面積の合計又は受益地に係る一定団地の農地面積がおおむね5ha以上であ

			り、受益面積に占める耕作放棄地等の面積の合計面積の割合が6％以上（ただし、担い手農地利用集積率が交付対象計画の決定時において50％以上の場合にあっては3％以上）となり、かつ、交付対象計画期間中にそれらの耕作放棄地等の活用が見込まれる場合 3　事業メニュー欄の⑨の土地改良施設保全のうち大臣官房長が別に定めるものにあっては、地域水田農業ビジョンに即して行うものであり、かつ、要件類別欄の7の要件欄の2により行う事業と併せ行うものであって、これらの受益面積の合計がおおむね5ha以上であること。 4　事業メニュー欄の⑨の土地改良施設保全のうち大臣官房長が別に定めるものにあっては、地域水田農業ビジョンに即して行うものであり、かつ、要件類別欄の7の要件欄の2により行う事業と併せ行うこと。 5　事業メニュー欄の(57)小規模農林地等保全整備にあっては、要件類別欄の7の要件欄の3により行う事業と併せ行うこと。 6　事業メニュー欄の⑨の土地改良施設保全のうち大臣官房長が別に定めるものにあっては、市町村によって地域間交流の拠点施設とその他の地域資源の間を結ぶルートが計画され、この計画に沿って行われる整備延長の合計が1km以上であること。
9	都道府県、市町村、土地改良区、農業協同組合、農業協同組合連合会、土地改良区連合、農地保有合理化法人（市	1/2 ただし、要件欄の3に限り定額	別表の1の事業メニュー欄の①から⑧までの事業の実施地区（実施予定地区を含む。以下この別表において「基盤整備地区」という。）において実施することとし、大臣官

	町村及び農業協同組合たる農地保有合理化法人を除く。）、農業委員会又は土地改良法第95条第１項の規定により数人共同して土地改良事業を行う者 　ただし、事業の内容ごとに大臣官房長が別に定めるものとする。		房長が別に定める要件のほか、次のいずれかの要件を満たすこと。 1　要件類別欄の７の要件欄の１若しくはこれと併せ行う要件欄の４又は要件類別欄の８の要件欄の１若しくは要件欄の２（同要件ただし書きのイによるものを除く。）により行う事業と併せ行い、かつ、次の要件を満たすこと。 (1)　生産基盤整備事業等（事業メニュー欄の①から⑧又は⑩、⑳及び㊱を行うものをいう。以下この別表において同じ。）の完了時において、担い手農地利用集積率が次のとおり増加することが見込まれること。 ア　交付対象計画の決定時20％未満の場合にあっては、30％以上となること。 イ　交付対象計画の決定時20％以上50％未満の場合にあっては、10ポイント以上増加すること。 ウ　交付対象計画の決定時50％以上55％未満の場合にあっては、60％以上となること。 エ　交付対象計画の決定時55％以上90％未満の場合にあっては、５ポイント以上増加すること。 オ　交付対象計画の決定時90％以上95％未満の場合にあっては、95％以上となること。 カ　交付対象計画の決定時95％以上の場合にあっては、担い手への利用集積が図られること。 キ　担い手に農業生産法人（農地法（昭和27年法律229号）第２条第７項の規定による農業生産法人を

いう。）を除く法人を位置付けた場合にあっては、当該法人に係る担い手農地利用集積率が30％以上となること。

(2) 生産基盤整備事業等の完了時において、次のいずれかを満たすことが確実と見込まれること。

ア　認定農業者（農業経営基盤強化促進法（昭和55年法律第65号）第12条第１項の規定に基づき農業経営改善計画の認定を受けた者をいう。以下この別表において同じ。）数の全農家戸数に占める割合が、アクションプログラム（担い手育成総合支援協議会設置要領（平成17年４月１日付け16経営第8837号農林水産省経営局長通知）第１の３の(1)のオに規定するアクションプログラムをいう。）に定める目標割合以上となること。

イ　認定農業者数が交付対象計画の決定時に比べ30％以上増加すること。

(3) 市町村基盤整備関連経営体育成等促進計画（経営体育成基盤整備事業実施要綱（平成15年４月１日付け14農振第2486号農林水産事務次官依命通知）第４の１の(4)に規定する基盤整備関連経営体育成等促進計画をいう。以下この別表において単に「促進計画」という。）に定める目標年度までに基盤整備地区内に大臣官房長が別に定める農業者又は農業者の組織する団体（以下「高度経営体」という。）が一以上育成されることが確実と見込まれること。

2　要件類別欄の７の要件欄の１若しくはこれと併せ行う

う要件欄の４又は要件類別欄の８の要件欄の１若しくは要件欄の２（同要件ただし書きイによるものを除く。）により行う事業と併せ行い、かつ、次の要件を満たすこと。

(1)　生産基盤整備事業等の完了時において、担い手の経営等農用地のうち、大臣官房長が別に定める集積団地要件を満たす農用地面積の割合

（以下「担い手農地面的集積率」という。）が次のとおり増加することが見込まれること。

ア　交付対象計画の決定時13％未満の場合にあっては、20％以上となること。

イ　交付対象計画の決定時13％以上35％未満の場合にあっては、７ポイント以上増加すること。

ウ　交付対象計画の決定時35％以上38.5％未満の場合にあっては、42％以上となること。

エ　交付対象計画の決定時38.5％以上63％未満の場合にあっては、3.5ポイント以上増加すること。

オ　交付対象計画の決定時63％以上66.5％未満の場合にあっては、66.5％以上となること。

カ　交付対象計画の決定時66.5％以上の場合にあっては、これらの担い手への面的集積が図られること。

(2)　市町村基盤整備関連農用地集積加速化計画（農地集積加速化基盤整備事業実施要綱（平成20年４月１日付け19農振第2046号農林水産事務次官依命通知）第４の１の(3)に規定する基盤整備関連農用地集積加速化計画をいう。）に定める目標年度までに基盤整備地区内に

			高度経営体が一以上育成されることが確実と見込まれること。 3　要件類別欄の7の要件欄の3若しくはこれと併せ行う要件欄の4又は要件類別欄の8の要件欄の2（同要件ただし書きのイによるものに限る。）若しくは要件欄の5により行う事業と併せ行い、かつ、市町村耕作放棄地解消等基盤整備基本構想（耕作放棄地解消・発生防止基盤整備事業実施要綱（平成20年4月1日付け19農振第2048号農林水産事務次官依命通知）第4の1に規定する耕作放棄地解消等基盤整備基本構想をいう。）を踏まえて実施すること。
10	市町村、農業協同組合、土地改良区又は土地改良事業団体連合会	1/2 （六法指定地域等は5.5/10、沖縄県は8/10、奄美群島は6/10）	1　受益面積がおおむね5ha以上であり、かつ、実施後3年以内に経営体育成基盤整備事業（経営体育成基盤整備事業実施要綱に規定する事業をいう。ただし、区画整理事業を実施するものに限る。）又は別表の1の事業メニュー欄の⑤の区画整理に着手することが確実であること。 2　その他大臣官房長が別に定める要件に該当するものであること。
11	市町村、農業協同組合、土地改良区、農地保有合理化法人、土地改良事業団体連合会、農業委員会、その他農山漁村の活性化のための定住等及び地域間交流の促進に関する法律施行規則（平	1/2 （六法指定地域等は5.5/10、沖縄県は8/10、奄美群島は6/10）	受益面積がおおむね5ha以上であり、かつ、換地計画を定める土地改良事業若しくは交換分合の着手の見込みが確実である、又は農用地の集団化が見込まれるものであって、大臣官房長が別に定める要件に該当するものであること。

	成19年農林水産省令第65号）第３条第４号の規定に基づき計画主体が指定した者（以下この別表において単に「計画主体が指定した者」という。）		
12	都道府県、市町村、農業協同組合、土地改良区、地方公共団体等が出資する法人又は農林漁業者等の組織する団体	1/2 （次の⑴から⑹の要件のいずれかに該当する地域（以下この別表において「五法指定地域等」という。）は5.5/10、沖縄県は2/3） ⑴　振興山村地域 ⑵　過疎地域 ⑶　離島地域 ⑷　半島地域 ⑸　特定農山村地域 ⑹　上記⑴から⑸に準ずる地域であって、人口が相当程度減少し、かつ、高齢化が著しく進行している地域など計画主体が特に必要と認める地域	1　環境創造区域（田園環境整備マスタープランの作成等に関する要領の制定について（平成14年２月14日付け13農振第2513号農林水産省農村振興局長・生産局長通知）の第３の１の⑶のイに規定する環境創造区域をいう。以下この別表において同じ。）であること。 2　地域住民等による土地改良施設（土地改良法第２条第２項第１号に規定する土地改良施設をいう。以下この別表において同じ。）等の維持管理活動を促進する体制が整っており、土地改良施設等の保全又は保全活動に資することが認められること。 3　その他大臣官房長が別に定める要件に該当するものであること。
13	都道府県、市町村、地方公共団体の一部事務組合、農業協同組合、農業協同組合連合会、土地改良区、農林漁業者等の組織する団体、地方公共団体等が出資する法人	1/2 （六法指定地域等は5.5/10、沖縄県は8/10、奄美群島は6/10） ただし、別表の１の事業メ	1　営農ビジョン（戦略的畑地農業振興支援事業要綱（平成18年4月3日付け17農振第1940号農林水産事務次官依命通知）第３の１に掲げる計画をいう。）策定地域であること。 2　その他大臣官房長が別に定める要件に該当するもので

		ニュー欄の56のうち、大臣官房長が別に定めるものについては、1/2	あること。
14	都道府県、市町村、土地改良区、農業協同組合、農業委員会又は農林漁業者等の組織する団体	1/2	整備された農地・農業用施設等の農地情報を整備する地域において、担い手への農地利用集積率の増加が見込まれ、かつ、農地情報共有化等の体制の構築が見込まれること。
15	都道府県、市町村、地方公共団体の一部事務組合、農業協同組合、農業協同組合連合会、土地改良区、森林組合、生産森林組合、森林組合連合会、漁業協同組合、漁業生産組合、漁業協同組合連合会、農林漁業者等の組織する団体、地方公共団体等が出資する法人、公益法人（民法（明治29年法律第89号）第34条の規定により設立された法人であって、農山漁村の活性化等をその目的とする法人をいう。以下この別表において同じ。）、農業委員会、計画主体が指定した者（大臣官房長が別に定める基準に該当するものとする。以下この別表において同じ。）	1/2（沖縄県は2/3） ただし、大臣官房長が別に定める場合にあっては5.5/10以内（沖縄県は2/3以内）又は大臣官房長が別に定める率	1　対象地域は、五法指定地域等とし、大臣官房長が別に定めるものとする。 2　受益面積は、１事業地区についておおむね団体営級（土地改良法施行令（昭和24年政令第295号）第50条に定める要件に満たない事業をいう。以下この別表において同じ。）以下であること。
16	都道府県、市町村、地方公共団体の一部事務組合、農業協同組合、農業協同組合連合会、土地改良区、森林組合、生産森林組合、森林組合連合会、漁業	1/2（沖縄県は2/3） ただし、別表の１の事業メニュー欄の⑲の農林水産物運搬施設については4/10（沖縄	1　対象地域は、五法指定地域等とし、大臣官房長が別に定めるものとする。 2　別表の１の事業メニュー欄の㉒の農業経営改善安定機械施設については、原則として、事業実施主体が当該施

	協同組合、漁業生産組合、漁業協同組合連合会、農林漁業者等の組織する団体、地方公共団体等が出資する法人、公益法人、農業委員会、ＰＦＩ事業者（別表の１の事業メニュー欄の㊶の農林水産物直売・食材供給施設及び㊿のリサイクル施設に限る。）又はその他計画主体が指定した者	県にあっては2/3)、㉑の高生産性農業用機械施設のうち「農業用機械施設の補助対象範囲の基準について」（昭和57年４月５日付け57農蚕第2503号農林水産省構造改善局長・農蚕園芸局長・畜産局長・食品流通局長・林野庁長官通知。以下「局長通知」という。）の別表１に掲げる農業用機械（水稲直播機、細断型及び稲発酵粗飼料用ロールベーラー、家畜ふん尿処理機械を除く。）については1/3（沖縄県にあっては2/3))、㉑の高生産性農業用機械施設のうち局長通知の別表１に掲げる水稲直播機、細断型及び稲発酵粗飼料用ロールベーラー、家畜ふん尿処理機械、局長通知の別表３に掲げる農業用施設、㉓の農林業基盤整備用機械及び㉘の乾燥調整貯蔵施設のうち飼料調製貯蔵施設については4.5/10（沖縄県にあっては2/3)。また、大臣官房長	設を利用する農業者にリースすることを条件とし、大臣官房長が別に定める要件に該当するものであること。

		が別に定める場合にあっては、大臣官房長が別に定める率	
17	市町村、農業協同組合、農業協同組合連合会、森林組合、生産森林組合、森林組合連合会、農林漁業者等の組織する団体、地方公共団体等が出資する法人、公益法人又は計画主体が指定した者	1/2（沖縄県は2/3）	1　対象地域は、五法指定地域等とし、大臣官房長が別に定めるものとする。 2　林道開設は、都道府県有林以外の民有林を主たる開発対象とするものとし、その規模は、自動車道では利用区域の森林面積が概ね10ha以上100ha未満、１路線の延長が200m以上とし、軽車道では利用区域の森林面積がおおむね10ha以上100ha未満であること。 3　自動車道における改良工事の規模は利用区域の森林面積がおおむね10ha以上100ha未満であること。
18	市町村、農業協同組合、農業協同組合連合会、森林組合、生産森林組合、森林組合連合会、農林漁業者等の組織する団体、地方公共団体等が出資する法人、公益法人又は計画主体が指定した者	1/2（沖縄県は2/3） ただし、別表の１の事業メニュー欄の㉔の林業機械施設については4.5/10（沖縄県は2/3）	1　対象地域は、五法指定地域等とし、大臣官房長が別に定めるものとする。 2　別表の１の事業メニュー欄の㊵の木材利活用促進施設の整備については、大臣官房長が別に定める要件に該当するものであること。
19	市町村、漁業協同組合、漁業生産組合、漁業協同組合連合会、農林漁業者等の組織する団体、地方公共団体等が出資する法人、公益法人又は計画主体が指定した者	1/2（沖縄県は2/3） ただし、別表の１の事業メニュー欄の㉖の種苗生産・蓄養殖施設のうち保管作業施設については4.5/10（沖縄県は2/3）、㉖の種苗生産・蓄養殖施設のうち施肥防除施設及び㉙	対象地域は、五法指定地域等とし、大臣官房長が別に定めるものとする。

		の農林水産物集出荷貯蔵施設のうち製氷冷蔵施設については4/10（沖縄県は2/3）	
20	市町村、地方公共団体の一部事務組合、農業協同組合、農業協同組合連合会、森林組合、森林組合連合会、漁業協同組合、漁業協同組合連合会、地方公共団体等が出資する法人、公益法人又は計画主体が指定した者	1/2（沖縄県は2/3）	対象地域は、五法指定地域等とし、大臣官房長が別に定めるものとする。
21	都道府県、市町村、農業協同組合、農業協同組合連合会、森林組合、森林組合連合会、漁業協同組合、漁業協同組合連合会、農林漁業者等の組織する団体、地方公共団体等が出資する法人、公益法人、ＰＦＩ事業者又は計画主体が指定した者	1/2（沖縄県は2/3）	対象地域は、五法指定地域等とし、大臣官房長が別に定めるものとする。
22	都道府県、市町村、農業協同組合、農業協同組合連合会、森林組合、森林組合連合会、漁業協同組合、漁業協同組合連合会、農林漁業者等の組織する団体、地方公共団体等が出資する法人、公益法人、教育委員会又は計画主体が指定した者	1/2（沖縄県は2/3）	1　対象地域は、五法指定地域等とし、大臣官房長が別に定めるものとする。 2　その他大臣官房長が別に定める要件に該当するものであること。

23	市町村、地方公共団体の一部事務組合、農業協同組合、農業協同組合連合会、土地改良区、森林組合、森林組合連合会、農林漁業者等の組織する団体、地方公共団体等が出資する法人、公益法人又は計画主体が指定した者	1/2（沖縄県は2/3） ただし、事業メニュー欄の㊽の総合鳥獣被害防止施設のうち大臣官房長が別に定める場合にあっては5.5/10（沖縄県は2/3）	1　対象地域は、五法指定地域等とし、大臣官房長が別に定めるものとする。 2　別表の１の事業メニュー欄の㊼の小規模農林地等保全整備のうち大臣官房長が別に定めるものにあっては、集落または基幹施設周辺の5ha未満とする。 3　別表の１の事業メニュー欄の㊼の小規模農林地等保全整備の受益面積は、１事業地区についておおむね団体営級以下とする。 4　別表の１の事業メニュー欄の㊽総合鳥獣被害防止施設のうち大臣官房長が定めるものにあっては地域における有害鳥獣の捕獲に関する計画が策定されている又は策定されることが確実と見込まれ、当該計画に即して捕獲活動が行われること。
24	都道府県、市町村、土地改良区又は計画主体が指定した者	5.5/10（沖縄県は2/3）	1　対象地域は、五法指定地域等とし、大臣官房長が別に定めるものであるとともに、以下のいずれかの要件を満たす地域であること。 (1)　以下のアからイのすべての要件を満たす地域 ア　市町村が行う土地改良施設及びこれと一体的に保全することが必要な農地の機能を維持保全するための地域住民の活動の促進に関する措置がなされている市町村の区域。 イ　環境創造区域 (2)　勾配1/20以上の農用地の面積が当該地域の全農用地の面積の1/2以上を占める地域。 2　その他大臣官房長が別に定める要件に該当するものであること。

25	市町村、地方公共団体の一部事務組合、農業協同組合、農業協同組合連合会、森林組合、森林組合連合会、漁業協同組合、漁業協同組合連合会、土地改良区、農林漁業者等の組織する団体、地方公共団体等が出資する法人、公益法人又は計画主体が指定した者	1/2 （沖縄県は2/3） ただし、別表の1の事業メニュー欄の⑩農業集落道のうち大臣官房長が別に定める場合にあっては、5.5/10（沖縄県は2/3）	1　対象地域は、五法指定地域等とし、大臣官房長が別に定めるものとする。 2　別表の1の事業メニュー欄の㉝の簡易給水施設及び㉞の簡易排水施設の整備については、大臣官房長が別に定める要件に該当するものであること。
26	都道府県、市町村、地方公共団体の一部事務組合、農業協同組合、農業協同組合連合会、森林組合、生産森林組合、森林組合連合会、漁業協同組合、漁業生産組合、漁業協同組合連合会、農林漁業者等の組織する団体、地方公共団体等が出資する法人、公益法人又は計画主体が指定した者	1/2（沖縄県は2/3） ただし、別表の1の事業メニュー欄の53の健康管理等情報連絡施設のうち情報端末機器については4.5/10（沖縄県は2/3）	1　対象地域は、五法指定地域等とし、大臣官房長が別に定めるものとする。 2　その他大臣官房長が別に定める要件に該当するものであること。
27	都道府県、市町村、森林組合、生産森林組合、森林組合連合会、地方公共団体が出資する法人又は流域森林・林業活性化センター	1/2（沖縄県は2/3）	特定市町村等の要件等について（平成17年3月23日付け16林整計第343号林野庁長官通知）における特定市町村又は準特定市町村であって、次のいずれかの地域に該当するものであること。 1　振興山村地域 2　過疎地域 3　特定農山村地域であって、林野面積の占める比率が75%以上、かつ、人工植栽に係る森林面積の占める比率が当該地域をその区域に含む都道府県の平均以上であるもの。

28	市町村、森林組合、生産森林組合、森林組合連合会、農林漁業者等の組織する団体、地方公共団体等が出資する法人又はＰＦＩ事業者	1/2（沖縄県は2/3） ただし、大臣官房長が別に定める場合にあっては、大臣官房長が別に定める率	1　原則として森林の保健機能の増進に関する特別措置法（平成元年法律第71号）第６条第３項の規定に基づく森林保健機能増進計画の認定を受けた地域又は認定を受けることが確実と認められる地域において実施するものとする。ただし、大臣官房長が別に定める施設は、この限りではない。 2　その他大臣官房長が別に定める要件に該当するものであること。
29	都道府県、市町村、特別区、地方公共団体の組合又はＰＦＩ事業者	1/2	1　地域産の木材の利用促進に資するものとし、波及効果の高い施設とすること。 2　この事業により整備する施設は原則として地域産の木材を利用すること。 3　木質内装整備の対象が国庫補助事業により建設された施設である場合には、原則として、建設されてから10年を経過したもので、かつ、耐用年数（減価償却資産の耐用年数等に関する省令（昭和40年３月31日大蔵省令第15号）に定める年数をいう。）の残存期間が10年以上ある施設であること。 4　その他大臣官房長が別に定める要件に該当するものであること。
30	都道府県、市町村、地方公共団体の一部事務組合、水産業協同組合（水産業協同組合法（昭和23年法律第242号）第２条に規定する水産業協同組合をいう。）、中小企業等協同組合（中小企業	1/2（沖縄県は2/3） ただし、別表の１の事業メニュー欄の㉜の情報通信基盤施設は1/3	1　原則として、漁港漁場整備法（昭和25年法律第137号）に基づき指定された漁港の背後集落及び漁業センサス（指定統計第67号）の対象となる漁業集落を対象とするものとする。ただし、大臣官房長が別に定める場合は、この限りではない。

	等協同組合法（昭和24年法律第181号）第３条に規定する中小企業等協同組合をいう。）、地方公共団体等が出資する法人又は農林漁業者等が組織する団体		2　その他大臣官房長が別に定める要件に該当するものであること。
31	都道府県、市町村、地方公共団体の一部事務組合、地方公共団体等が出資する法人、公益法人、又は計画主体が指定した者	1/2（沖縄県は2/3）	1　整備する施設は、事業実施主体が所有又は使用権を有し、新たに農林漁業又は農林漁業関係の地場産業等に従事し、地域に定住しようとする者に貸し付けるものであること。 2　その他大臣官房長が別に定める要件に該当するものであること。

様式（略）

［逐条解説］農山漁村活性化法解説

2008年７月10日　第１版第１刷発行

編　著　農山漁村活性化法研究会

発行者　松　林　久　行

発行所　株式会社大成出版社

〒156-0042　東京都世田谷区羽根木１—７—11
電話(03)3321—4131(代)
http://www.taisei-shuppan.co.jp/

印刷　亜細亜印刷

ISBN978-4-8028-0566-7